普通高等教育"十四五"系列教材
产教融合系列教材

自动控制原理实验 与课程设计指导书

主 编 翟晶晶

参 编 王 芳 许大宇 朱建忠

中国水利水电出版社
www.waterpub.com.cn
·北京·

内 容 提 要

本书共分三大部分，第一部分介绍了自动控制原理实践操作所用到的实验平台和仿真软件；第二部分介绍了自动控制原理课程实验，分为模拟电路实验和软件实验两大部分，包括典型环节的性能分析、典型系统动态性能和稳定性分析、典型环节（或系统）的频率特性测量、线性系统串联校正；第三部分介绍了自动控制原理课程设计，分为软件仿真和硬件调试两大部分，包括有刷直流电机速度闭环设计及实物调试、温箱温度控制系统设计及实物调试、水箱液位控制系统设计及实物调试。

本书既可作为高等院校电气工程及其自动化等相关专业的实验教材，也可作为电力系统从业人员的培训教材，还可作为有志从事电力工程等相关工作人员的自学教材。

图书在版编目（CIP）数据

自动控制原理实验与课程设计指导书 / 翟晶晶主编
. -- 北京 ： 中国水利水电出版社，2022.11
普通高等教育"十四五"系列教材 产教融合系列教材

ISBN 978-7-5226-1021-4

Ⅰ．①自… Ⅱ．①翟… Ⅲ．①自动控制理论－实验－高等学校－教学参考资料②自动控制理论－课程设计－高等学校－教学参考资料 Ⅳ．①TP13

中国版本图书馆CIP数据核字(2022)第183251号

书　　名	普通高等教育"十四五"系列教材　产教融合系列教材 **自动控制原理实验与课程设计指导书** ZIDONG KONGZHI YUANLI SHIYAN YU KECHENG SHEJI ZHIDAOSHU
作　　者	主编　翟晶晶 参编　王　芳　许大宇　朱建忠
出版发行	中国水利水电出版社 （北京市海淀区玉渊潭南路 1 号 D 座　100038） 网址：www. waterpub. com. cn E-mail：sales@mwr.gov.cn 电话：(010) 68545888（营销中心）
经　　售	北京科水图书销售有限公司 电话：(010) 68545874、63202643 全国各地新华书店和相关出版物销售网点
排　　版	中国水利水电出版社微机排版中心
印　　刷	北京市密东印刷有限公司
规　　格	184mm×260mm　16 开本　5.75 印张　140 千字
版　　次	2022 年 11 月第 1 版　2022 年 11 月第 1 次印刷
印　　数	0001—3000 册
定　　价	**22.00 元**

前　言

　　"自动控制原理"作为电气工程及其自动化、电气工程与智能控制、建筑电气与智能化等专业的专业基础课程，在教学中占有非常重要的地位，同时该课程具有很强的实践性，其实践教学内容将直接影响课程的教学效果。本书就是为了配合"自动控制原理"课程的实践操作而编写的，目的是指导学生完成课程实验和课程设计。

　　本书是结合教学研究和实践经验编制而成的，以编者多年的教学讲义为基础，包含实验平台和软件平台、实验指导和课程设计三大部分。第一章介绍了实践操作所用到的实验平台和仿真软件，详细介绍了 ACCT-Ⅳ型自动控制理论及计算机控制技术实验装置的构造和操作使用方法，简要介绍了 MATLAB 仿真集成环境。

　　第二章至第五章为实验指导部分，分为模拟电路实验和软件实验两大块。模拟电路实验采用 ACCT-Ⅳ型自动控制理论及计算机控制技术实验装置，软件实验采用 MATLAB。利用 ACCT-Ⅳ型自动控制理论及计算机控制技术实验装置及计算机软件技术，以模拟电路设计、连接和测试为硬件平台，同时以 MATLAB 仿真为软件平台，实现对自动控制系统基本理论和分析方法的验证以及控制系统的综合分析设计。在课程实验中，通过模拟电路实验，使学生掌握由电路模拟基本环节、控制器设计和调试等的操作技能和方法；通过软件实验使学生掌握实验数据的测量和获取，以及数据处理方法。通过软件设计，再用硬件实现并调试，使学生掌握控制系统设计的基本方法，并提高其综合实验的应用能力。通过课程实验，使学生在控制系统模拟电路的设计、调试、数据的获取，以及 MATLAB 软件的基本使用、仿真实验数据的获取、整理、分析以及控制系统设计的综合实验能力、实验报告的撰写等方面的基本技能得到训练。

　　第六章至第八章为课程设计部分，分为 MATLAB 软件仿真和硬件调试两大块。软件仿真指导硬件调试，硬件调试对软件仿真的结果进行验证。课程设计的重点在于控制器的设计，即设计出相关控制器使得控制系统的闭环控制输出最优，根据最优的控制器计算得出对应的参数。课程设计的题目有三大类型，分别为：直流电机转速闭环控制，温箱温度闭环控制，水箱液位闭环控制。以上自动控制系统是基于实际工业控制应用提炼出来的三大典型控制过程。目前工业上最为普遍采用的控制器为 PID，因此本书中涉及的控制器大多采用 PI 或 PID。通过本书的课程设计指导，学生可独立完成课程设计，掌握 PID 参数的作用以及调节 PID 参数的经验和方法。

　　本书在编写过程中得到了南京工程学院电力工程学院自动控制原理课程组各位老师的支持，特此表示感谢。由于时间和编者水平有限，书中难免有错误和不妥之处，恳请读者批评指正。

编　者

2022 年 8 月

目 录

目 录

第一章 实验平台和仿真软件

在进入实践操作内容之前，先介绍所用到的实验平台和仿真软件，实验平台采用 ACCT-Ⅳ型自动控制理论及计算机控制技术实验装置，详细介绍其构造和操作使用方法，仿真软件采用 MATLAB 软件，简要介绍 MATLAB 的仿真集成环境。

第一节 模拟电路实验系统简介

模拟电路实验系统由 ACCT-Ⅳ型自动控制理论及计算机控制技术实验装置和台式计算机（以下简称上位机，预先安装实验系统上位机软件）等组成，如图 1-1 所示。AC-CT-Ⅳ型实验装置内装有以 C8051F060 芯片（含数据处理系统软件）为核心构成的数据处理卡，通过 USB 口与上位机进行通信。

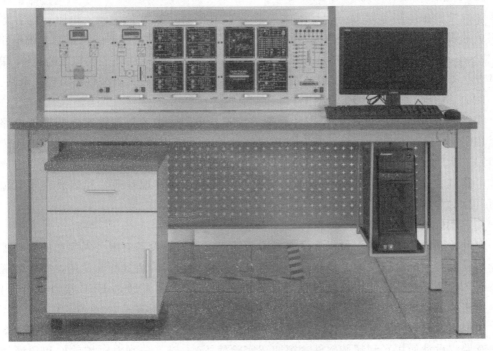

图 1-1 模拟电路实验系统

一、ACCT-Ⅳ型自动控制理论及计算机控制技术实验装置简介

ACCT-Ⅳ型自动控制理论及计算机控制技术实验装置主要由 15 个单元模块构成，按照功能分为五个大类，分别为电源单元 U1、数据处理单元 U3、元器件单元 U4、非线性

1

模拟电路单元 U5～U7、线性模拟电路单元 U8～U16。

（一）电源单元 U1

电源单元 U1 的功能是提供实验装置模块（U4～U16）所需的工作电源。模块组成包括电源开关，保险丝，＋5V、−5V、＋15V、−15V、0V 以及 1.3～15V 可调电压的输出。

（二）数据处理单元 U3

数据处理单元 U3 的功能是与上位机进行通信。该模块内含以 C8051F060 为核心组成的数据处理卡（含软件），通过 USB 口与上位机进行通信。内部包含 8 路 A/D 采集输入通道和 2 路 D/A 输出通道。与上位机一起使用时，可同时使用其中 2 个输入通道和 2 个输出通道，可以产生频率与幅值可调的周期阶跃信号、周期斜坡信号、周期抛物线信号以及正弦波信号，并提供与周期阶跃信号、周期斜坡信号、周期抛物线信号相配合的周期锁零信号。结合上位机软件，用以实现虚拟示波器、测试信号发生器以及数字控制器等功能。

（三）元器件单元 U4

元器件单元 U4 的功能是提供实验所需的零散的电阻、电容和可变电阻（滑动变阻器）。该模块内含有多种阻值的电阻和多种容值的电容，还有 2 个阻值可调节的可变电阻。通过选用单个电阻（电容）或者通过多个电阻（电容）的串并联，可灵活构建所需的各种阻值、容值的电阻和电容元件。

（四）非线性模拟电路单元 U5～U7

非线性模拟电路单元 U5～U7 是由二极管或晶闸管、运算放大器、电阻、电容等器件组成的模拟电路单元，用于构成不同的典型非线性环节，供搭建非线性控制系统电路选用。U5 单元可通过拨键 S4 选择具有死区特性或间隙特性的非线性环节模拟电路。U6 单元为具有继电特性的非线性环节模拟电路。U7 单元为具有饱和特性的非线性环节模拟电路。

（五）线性模拟电路单元 U8～U16

线性模拟电路单元 U8～U16 是由运算放大器、电阻、电容等器件组成的模拟电路单元，用于构成不同的典型线性环节，供搭建线性控制系统电路选用。其中，U8 单元为倒相电路，实验时通常用作反相器。U9～U16 单元的电路中，都有一个用场效应管组成的锁零电路（各个单元的锁零 G 不互通，需要用导线相连接实现互通）和运放调零电位器（出厂已调好，无须调节）。

二、上位机软件简介

自动控制原理实验的上位机程序，是专为浙江求是科教设备有限公司生产的自动控制理论实验装置而配套研发的。该软件必须与自动控制理论实验装置配套使用，实验装置上配备有 USB2.0 接口。使用该软件前，计算机必须与实验装置通过 USB 接口进行连接，并合上实验装置电源。脱离实验装置，该软件将无法正常使用。

根据实验内容的不同，软件分为时域软件（第二章、第三章、第五章实验和第六章至第八章课程设计使用）和频域软件（第四章实验使用），以下分别对时域软件和频域软件的操作使用方法加以介绍。

（一）时域软件的操作使用方法

1. 打开软件

双击打开电脑桌面上的"时域示波器"图标，运行"时域特性实验软件"，软件主界面如图 1－2 所示。时域软件的主要功能可归结为输入信号发生器和虚拟示波器 2 项。

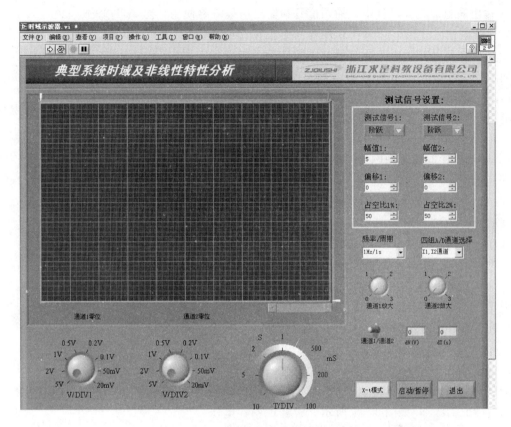

图 1－2　时域特性实验软件主界面

2. 测试信号设置

在"测试信号设置"模块设置实验所需周期输入信号的参数，如图 1－3 所示。可以设置的参数包括信号类型（阶跃、斜坡、抛物线、正弦波）、幅值（－10～10V，默认设置为 5V）、偏移（允许设置－10～10V 的零位偏移，默认设置为 0V，也就是无偏移）、占空比（0～100%，此项设置除阶跃信号外对其他信号均无效，默认设置为 50%）。

3. 频率/周期设置

在"频率/周期"模块设置实验所需周期输入信号的频率/周期，如图 1－4 所示。频率/周期的量程范围是 0.1Hz/10s～200Hz/5ms，中间有很多挡位，如图

图 1－3　"测试信号设置"模块

1－4 下拉列表所示。解释说明：0.1Hz/10s 挡位表示在图 1－2 的波形显示窗口中，信号波形每画满一屏所需的时间为 10s。

3

4. 通道选择

"通道选择"模块如图 1-5 所示。由于数据处理单元 U3 有 8 路 A/D 输入通道和 2 路 D/A 输出通道。实验过程中,输入信号和输出信号需要使用 2 路 A/D 输入通道送入上位机软件观察信号波形,必须在软件界面中根据接线情况从 8 路输入通道中选择设定相对应的使用的 2 路输入通道。8 路输入通道被分为 4 组:①I1,I2 通道;②I3,I4 通道;③I5,I6 通道;④I7,I8 通道。每组通道里面的 2 路通道必须同时使用或不使用。

5. 显示模式

"显示模式"模块如图 1-6 所示。模块支持如下两种显示模式:

(1) X-t 模式:横坐标为时间轴,纵坐标为通道数据值。X-t 模式可以用于显示系统的测试信号、暂态或稳态的时域响应等。

(2) X-Y 模式:横坐标为采样通道 X 值,纵坐标为采样通道 Y 值。X-Y 模式主要用于显示李沙育图形等。

软件默认的显示模式为"X-t 模式"。

6. 电压、时间挡位调整

根据波形显示缩放的需要,可以调整波形显示窗口的纵轴电压挡位"V/DIV1""V/DIV2"和横轴时间挡位"T/DIV",如图 1-7 所示。解释说明:电压挡位调整为 1V 表示图 1-2 的波形显示窗口中的网格,每一个大网格的高度代表 1V;时间挡位调整为 1s 表示图 1-2 的波形显示窗口中的网格,每一个大网格的宽度代表 1s。

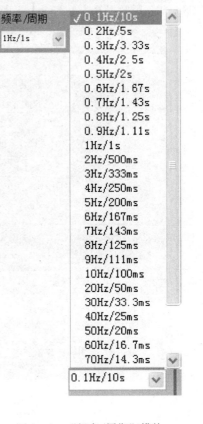

图 1-4 "频率/周期"模块

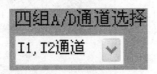

图 1-5 "通道选择"模块

图 1-6 "显示模式"模块

7. 软件的启动和退出

左键单击图 1-2 所示软件主界面左上方的 图标,使软件进入运行状态,如图 1-8 所示。

左键单击图 1-2 所示软件主界面右下方的 启动/暂停 图标来启动软件。此时,有波形曲线在波形窗口界面滚动显示。然后进行软件界面的参数设置。

实验过程中，左键单击图 1-2 所示软件主界面右下方的 启动/暂停 图标来暂停软件。拖动波形窗口界面右下方的滑动块，选取合适的波形段，单击右键，选择"保存为位图文件"，将波形保存为图片，并存储在 U 盘中。

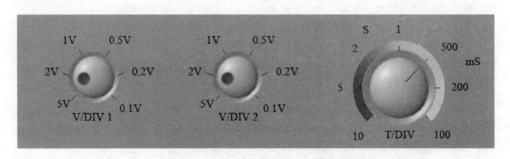

图 1-7　"电压、时间挡位调整"模块

（a）预运行状态　　　　　　　　　　　　（b）运行状态

图 1-8　软件的预运行与运行状态

所有实验操作完成后，左键单击图 1-2 所示软件主界面右下方的 退出 图标，软件退出运行。

左键单击图 1-2 所示软件主界面右上方的 ⊠ 图标，关闭上位机软件。

时域特性实验软件的详细功能介绍如图 1-9 所示。

（二）频域软件的操作使用方法

1. 打开软件

双击打开电脑桌面上的 图标，运行"频率特性实验软件"。软件主界面如图 1-10 所示。

2. 频域特性测试参数设置

"频域特性测试参数设置"模块如图 1-11 所示。根据具体实验要求，先选择"电路类型"为一阶电路（一阶 RC）或二阶电路（二阶 RC），然后选择"输出通道"为"I1，I2"，默认的频率点测量范围为 0.1~300Hz，通常可以根据电路类型勾选"自定义测频范围"，自行修改设定不同的频率范围，一般选择 0.1~30Hz，"幅值"可以选择默认，勾选"辅助显示"中的"游标"选项，可以在特性曲线上取点读取坐标值，按"测试"按钮可以启动频域特性实验。

3. 频域特性曲线的绘制

频域特性曲线的绘制窗口如图 1-12 和图 1-13 所示。图 1-12 绘制的是对数幅频和

5

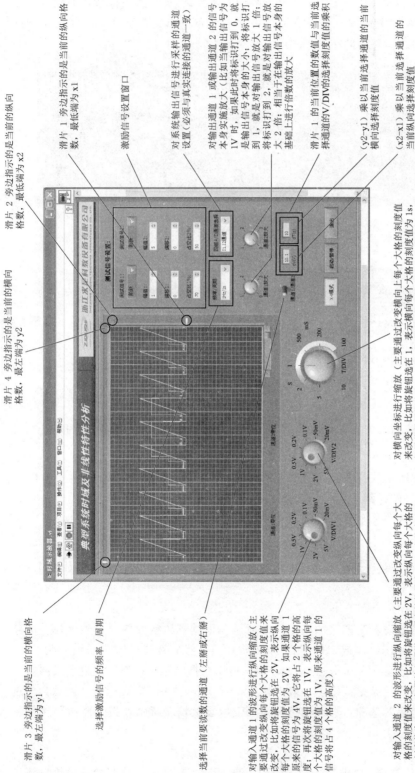

图 1 - 9　时域特性实验软件的详细功能介绍

相频特性曲线。横坐标为频率，用对数表示。图 1-12（a）为对数幅频特性，纵坐标为增益的分贝数；图 1-12（b）为对数相频特性，纵坐标为相位的度数。图 1-13 绘制的是幅相特性曲线（Nyquist 图），横轴为实部，纵轴为虚部。

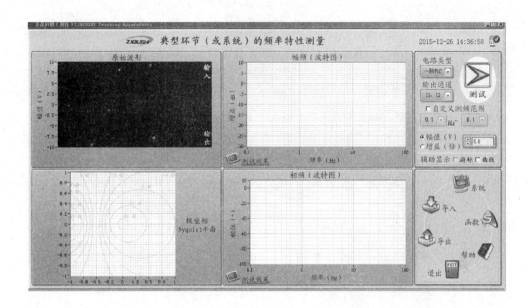

图 1-10　频率特性实验软件主界面

4. 辅助功能

（1）单击软件界面（图 1-10）右下角的"函数"功能图标 <u>函数</u>，跳出"传递函数"对话框，如图 1-14 所示，可以设置与实验电路相对应的一阶或二阶传递函数表达式，供仿真测试使用。

（2）单击软件界面（图 1-10）右下角的"导出"功能图标 <u>导出</u>，弹出"数据导出"对话框，如图 1-15 所示，勾选"导出图像文件"选项，同时点击 图标，选择保存数据的文件路径，在跳出的路径对话框里，新建一个 txt 格式的文档，给文档命名（例如命名为 1），然后点击"确定"按钮。初始路径会自动设定为 E:\数据\频率特性\测试数据\1.txt，在初始路径下点击"确定"按钮，那么在 E 盘的目录下找到数据文件夹，里面将会出现被保存的如图 1-16 所示的波形图文件。可以更换保存数据的文件路径，将波形直接保存到 U 盘中。

图 1-11　"频域特性测试参数
设置"模块

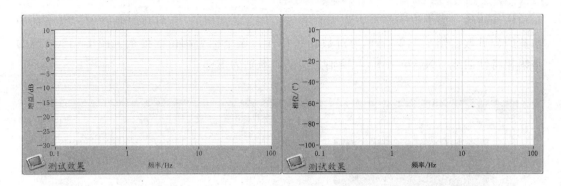

（a）幅频（伯德图）   （b）相频（伯德图）

图 1-12　对数幅频和相频特性曲线绘制窗口

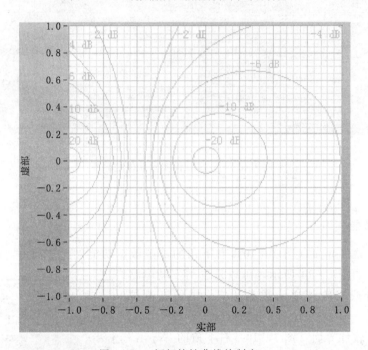

图 1-13　幅相特性曲线绘制窗口

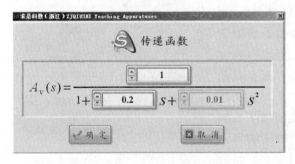

图 1-14　"传递函数"对话框　　　　　图 1-15　"数据导出"对话框

图1—16 波形图文件保存示例

第二节 MATLAB 仿真集成环境简介

Simulink 是可视化动态系统仿真环境。1990 年正式由 Mathworks 公司引入到 MAT-LAB 中，它是 Simulation 和 Link 的结合。这里主要介绍它的使用方法及其在控制系统仿真分析和设计操作的有关内容[1]。

一、进入 Simulink 操作环境

双击桌面上的 MATLAB 图标，启动 MATLAB，进入开发环境，如图 1-17 所示。

从 MATLAB 的桌面操作环境画面进入 Simulink 操作环境有多种方法，此处介绍如下两种：

（1）单击图 1-17 的 MATLAB 工具栏中的 Simulink 图标，弹出如图 1-18 所示的图形库浏览器窗口。从图 1-18 的"File"下拉式菜单中选择"New/Model"或单击图标，弹出如图 1-19 所示的未命名的图形仿真操作界面。

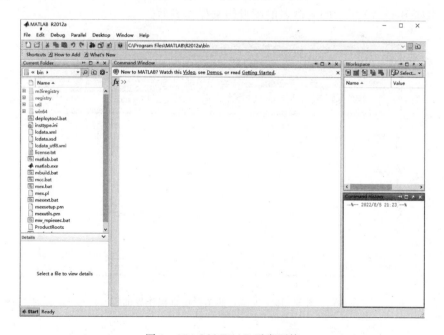

图1-17 MATLAB开发环境

图 1-18　Simulink 图形库浏览器窗口

（2）在图 1-17 的 MATLAB 命令窗口中键入 "simulink" 命令，可自动弹出图 1-18 的图形库浏览器窗口。从图 1-18 的 "File" 下拉式菜单中选择 "New/Model" 或单击图标 ，弹出如图 1-19 所示的未命名的图形仿真操作界面。

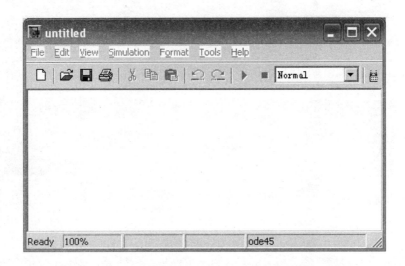

图 1-19　未命名的图形仿真操作界面

图 1-18 的图形库用于提取仿真所需的功能模块，图 1-19 用于仿真操作。

二、提取所需的仿真模块

在提取所需仿真模块前，应绘制仿真系统框图，并确定仿真所用的参数。

图 1-18 所示的图形库浏览器窗口，提供了仿真所需的基本功能模块，能满足系统仿真的需要。该图形库有多种图形子库，用于配合有关的工具箱。下面将对本书中实验可能用到的功能模块作一个简单介绍。

（一）Sources（信号源模块组）

点击图 1-18 图形库浏览器窗口左侧列表中的"Sources"，界面右侧会出现各种常用的输入信号，如图 1-20 所示。

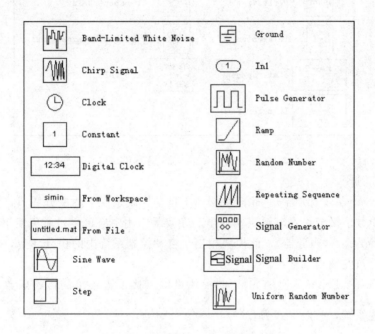

图 1-20　Sources（信号源模块组）

（1）In1（输入端口模块）。用来反映整个系统的输入端子，这样的设置在模型线性化与命令行仿真时是必需的。

（2）Signal Generator（信号源发生器）。能够生成若干种常用信号，如方波信号、正弦波信号、锯齿波信号等，允许用户自由调整其幅值、相位及其他信号。

（3）From File（读文件模块）和 From Workspace（读工作空间模块）。两个模块允许从文件或 MATLAB 工作空间中读取信号作为输入信号。

（4）Clock（时间信号模块）。生成当前仿真时钟，在与事件有关的指标求取中是很有意义的。

（5）Constant（常数输入模块）。此模块以常数作为输入，可以在很多模型中使用该模块。

（6）Step（阶跃输入模块）。以阶跃信号作为输入，其幅值可以自由调整。

（7）Ramp（斜坡输入模块）。以斜坡信号作为输入，其斜率可以自由调整。

（8）Sine Wave（正弦信号输入模块）。以正弦信号作为输入，其幅值、频率和初相位可以自由调整。

（9）Pulse Generator（脉冲输入模块）。以脉冲信号作为输入，其幅值和脉宽可以自由调整。

（二）Continuous（连续模块组）

点击图 1-18 图形库浏览器窗口左侧列表中的 Continuous，界面右侧会出现各种常用的连续模块，如图 1-21 所示。

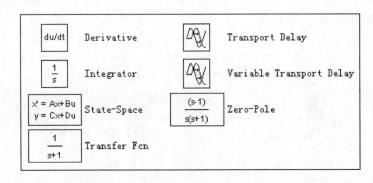

图 1-21　Continuous（连续模块组）

（1）Derivative（微分器）。此模块相当于自动控制系统中的微分环节，将其输入端的信号经过一阶数值微分，在其输出端输出。在实际应用中应该尽量避免使用该模块。

（2）Integrator（积分器）。此模块相当于自动控制系统中的积分环节，将输入端信号经过数值积分，在输出端输出。

（3）Transfer Fcn（传递函数）。此模块可以直接设置系统的传递函数，以多项式的比值形式描述系统，一般形式为 $G(s) = \dfrac{b_m s^m + b_{m-1} s^{m-1} + \cdots + b_1 s + b_0}{a_n s^n + a_{n-1} s^{n-1} + \cdots + a_1 s + a_0}$，其分子、分母多项式的系数可以自行设置。

（4）Zero-Pole（零极点）。将多项式形式传递函数的分子、分母多项式分别进行因式分解，变成零极点表达形式 $G(s) = K \dfrac{(s - z_1)(s - z_2) \cdots (s - z_m)}{(s - p_1)(s - p_2) \cdots (s - p_n)}$，其中 z_i（系统的零点）、p_j（系统的极点）可以自行设置。

（5）Transport Delay（时间延迟）。此模块相当于自动控制系统中的延迟环节，用于将输入信号延迟一定时间后输出，延迟时间可以自行调整。

（三）Math Operations（数学函数模块组）

点击图 1-18 图形库浏览器窗口左侧列表中的 Math Operations，界面右侧会出现各种数学函数运算模块，如图 1-22 所示。

（1）Gain（增益函数）。此模块相当于自动控制系统中的比例环节，输出信号等于输入信号乘以模块中指定的数值，此数值可以自行调整。

（2）Sum（求和模块）。此模块相当于自动控制系统中的加法器，将输入的多路信号进行求和或求差。

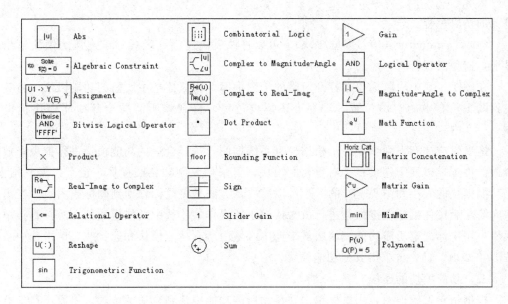

图 1-22　Math Operations（数学函数模块组）

（3）其他数学函数模块。如 Abs（绝对值函数）、Sign（符号函数）、Rounding Function（取整模块）等。

（四）Sinks（输出池模块组）

点击图 1-18 图形库浏览器窗口左侧列表中的 Sinks，界面右侧会出现各种能显示计算结果的模块，如图 1-23 所示。

（1）Outl（输出端口模块）。用来反映整个系统的输出端子，这样的设置在模型线性化与命令行仿真时是必需的，另外，系统直接仿真时这样的输出将自动在 MATLAB 工作空间中生成变量。

（2）Scope（示波器模块）。将其输入信号在示波器中显示出来。

（3）XY Graph（XY 示波器）。将两路输入信号分别作为示波器的两个坐标轴，将信号的相轨迹显示出来。

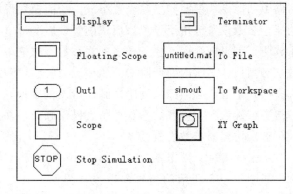

图 1-23　Sinks（输出池模块组）

（4）To Workspace（工作空间写入模块）。将输入的信号直接写到 MATLAB 的工作空间中。

（5）To File（写文件模块）。将输入的信号写到文件中。

（6）Display（数字显示模块）。将输入的信号以数字的形式显示出来。

（7）Stop Simulation（仿真终止模块）。如果输入的信号为非零时，将强行终止正在进行的仿真过程。

（8）Terminator（信号终结模块）。可以将该模块连接到闲置的未连接的模块输出信号上，避免出现警告。

在图1-18中用鼠标单击打开所需的子图形库，用鼠标选中所需的功能模块，将其拖曳到图1-19中的空白位置，重复上述拖曳过程，直到将所需的全部功能模块拖曳到图1-19中。

拖曳时应注意下列事项：①根据仿真系统框图，选择合适的功能模块进行拖曳，放到合适的位置，以便于连接；②对重复的模块，可采用复制和粘贴操作，也可以反复拖曳；③功能模块的大小和图1-19的大小可以缩放，方法是将鼠标移动到图标或图边，在出现双向箭头后按住鼠标左键拖动进行放大或缩小的操作；④选中功能模块的方法是直接单击模块，用鼠标选定所需功能模块区域来选中区域内所有功能模块和连接线，单击选中，并按下"Shift"键，再单击其他功能模块。

三、功能模块的连接

根据仿真系统框图，用鼠标单击并移动所需功能模块到合适的位置，将鼠标移到有关功能模块的输出端，选中该输出端并移动鼠标到另一个功能模块的输入端，移动时出现虚线，到达所需输入端时，释放鼠标左键，相应的连接线出现，表示该连接已完成。重复以上的连接过程，直到完成全部连接，组成仿真系统。

四、功能模块参数设置

使用者需设置功能模块参数后，方可进行仿真操作。不同功能模块的参数是不同的，用鼠标双击该功能模块自动弹出相应的参数设置对话框。

例如，图1-24是"Transfer Fcn（传递函数）功能模块设置"对话框。功能模块对话框由功能模块说明和参数设置组成。功能模块说明框用于说明该功能模块使用的方法和功能，参数设置框用于设置该模块的参数。Transfer Fcn的参数设置由分子和分母多项式系数两个编辑框组成，在分子多项式系数编辑框中，用户可输入系统模型的分子多项式系数（必须按从高阶次到低阶次的顺序），在分母多项式系数编辑框中，输入系统模型的分母多项式系数（必须按从高阶次到低阶次的顺序）。设置功能模块的参数后，单击"OK"按钮进行确认，将设置的参数送仿真操作画面，并关闭对话框。

五、仿真器参数设置

单击图1-19操作界面"Simulation"下拉式菜单"Simulation Parameters…"选项，弹出如图1-25所示的仿真参数设置界面。共有Solver、Workspace I/O、Diagnostics、Advanced和Real-Time Workshop等5个页面。在Solver中设置Solver Type、Solver（步长）等。仿真操作时，可根据仿真曲线设置终止时间和最大步长，以便得到较光滑的输出曲线。

六、示波器参数设置

当采用示波器显示仿真曲线时，需对示波器参数进行设置。双击Scope模块（图1-23），弹出如图1-26所示的示波器显示界面，单击界面的图标![图标]，弹出如图1-27所示"示波器属性"对话框，分2个页面，用于设置显示坐标窗口数、显示时间范围、标记和显示频率或采样时间等。时间范围可以在"示波器属性"对话框里的"General"中的"Time range"设置，设置值应与仿真器终止时间一致，以便最大限度显示仿真操作数据。将鼠标箭头移到示波器显示窗口，点击鼠标右键，从弹出菜单选择"Autoscale"，或直接单击图标 🔭 ，可在响应曲线显示后自动调整纵坐标范围；从弹出菜单选择"Save current axes settings"，或直接单击图标 🖫 ，将当前坐标轴范围的设置数据存储。此外，还有打印、放大或恢复等操作。

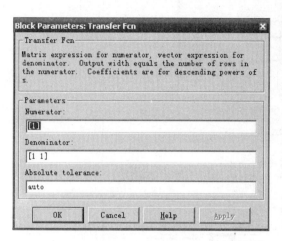

图 1-24　"Transfer Fcn（传递函数）功能模块设置"对话框

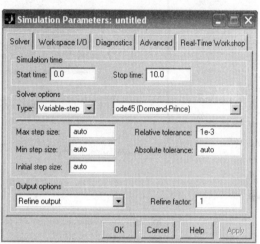

图 1-25　仿真参数设置界面

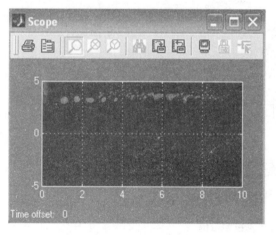

图 1-26　示波器显示界面

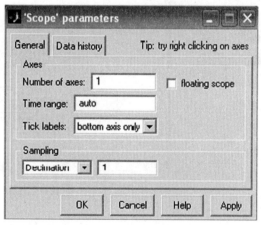

图 1-27　"示波器属性"对话框

七、运行仿真模型

如图 1-28 所示，仿真模型编辑好后，先保存命名，然后点击操作界面"Simulation"下拉式菜单中的"Start"按钮运行仿真模型，如图 1-28（a）所示，或点击快捷图标 ▶ 运行仿真模型，如图 1-28（b）所示，再双击 Scope 模块，显示输出曲线。

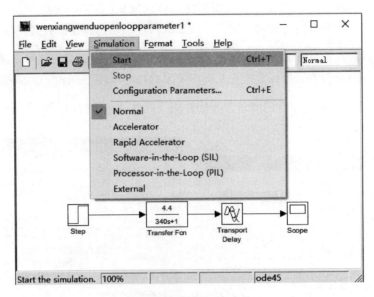

（a）运行仿真模型（方式1）

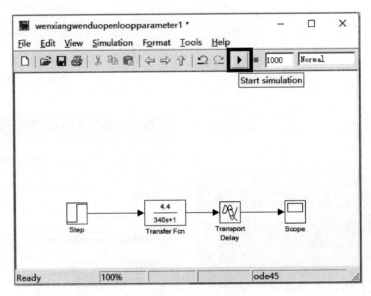

（b）运行仿真模型（方式2）

图1-28 运行仿真模型示例

八、对数据作后续处理

当仿真任务比较复杂时，需要将 Simulation 生成的数据再导入到工作空间进行处理和分析，仿真结束后，输出结果通过"To Workspace"模块传送到工作空间中，在工作空间窗口中能看到这些变量，使用"Whos"命令能看到这些变量的详细信息。另外，"To File""From File"模块能实现文件与 Simulink 的数据传输。

第二章　典型环节的性能分析

第一节　模拟电路平台下的实验

一、实验目的

(1) 熟悉并掌握实验装置的接线方法和上位机软件的使用方法。

(2) 熟悉各种典型环节的阶跃响应曲线。

(3) 了解参数变化对典型环节动态特性的影响。

二、实验内容

(1) 在实验装置上搭建各种典型环节的模拟电路。

(2) 用上位机软件测量各种典型环节的阶跃响应曲线。

三、实验原理[2]

（一）比例（P）环节的传递函数和阶跃响应

比例环节的传递函数为

$$\frac{U_o(s)}{U_i(s)} = K \qquad (2-1)$$

式中：$U_i(s)$ 为输入信号的拉普拉斯变换；$U_o(s)$ 为输出信号的拉普拉斯变换；K 为比例系数。

单位阶跃响应曲线的形式如图 2-1 所示。图中：t 是时间；$u_i(t)$ 是输入的单位阶跃信号；$u_o(t)$ 是比例环节的单位阶跃响应信号。

（二）积分（I）环节的传递函数和阶跃响应

积分环节的传递函数为

$$\frac{U_o(s)}{U_i(s)} = \frac{1}{Ts} \qquad (2-2)$$

式中：T 为积分时间常数。

单位阶跃响应曲线的形式如图 2-2 所示。图中：$u_i(t)$ 是输入的单位阶跃信号；$u_o(t)$ 是积分环节的单位阶跃响应信号。

（三）比例积分（PI）环节的传递函数和阶跃响应

比例积分环节的传递函数为

$$\frac{U_o(s)}{U_i(s)} = K + \frac{1}{Ts} \qquad (2-3)$$

单位阶跃响应曲线的形式如图 2-3 所示。图中：$u_i(t)$ 是输入的单位阶跃信号；$u_o(t)$ 是比例积分环节的单位阶跃响应信号。

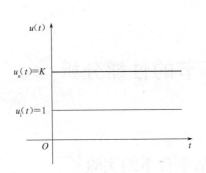

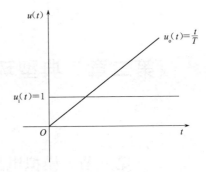

图 2-1　比例环节的单位阶跃响应　　　图 2-2　积分环节的单位阶跃响应

（四）惯性环节的传递函数和阶跃响应

惯性环节的传递函数为

$$\frac{U_o(s)}{U_i(s)} = \frac{K}{Ts+1} \tag{2-4}$$

式中：T 为惯性时间常数。

单位阶跃响应曲线的形式如图 2-4 所示。图中：$u_i(t)$ 是输入的单位阶跃信号；$u_o(t)$ 是惯性环节的单位阶跃响应信号。

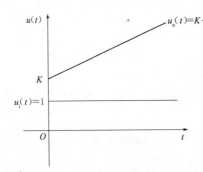

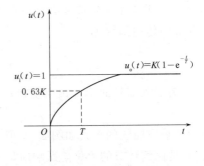

图 2-3　比例积分环节的单位阶跃响应　　　图 2-4　惯性环节的单位阶跃响应

（五）比例微分（PD）环节的传递函数和阶跃响应

理想的比例微分环节的传递函数为

$$\frac{U_o(s)}{U_i(s)} = K(1 + T_D s) \tag{2-5}$$

式中：T_D 为微分时间常数。

实际的比例微分环节的传递函数为

$$\frac{U_o(s)}{U_i(s)} = K\left(1 + \frac{T_D s}{T_{iner} s + 1}\right) \tag{2-6}$$

式中：T_{iner} 为惯性时间常数。

理想 PD 环节和实际 PD 环节的单位阶跃响应曲线的形式如图 2-5 所示。图中：$u_i(t)$ 是输入的单位阶跃信号；$u_o(t)$ 是 PD 环节的单位阶跃响应信号；$u_{o1}(t)$ 是理想 PD 环节中比例（P）环节的单位阶跃响应信号分量；$u_{o2}(t)$是理想 PD 环节中微分（D）环节的单位阶跃响应信号分量。

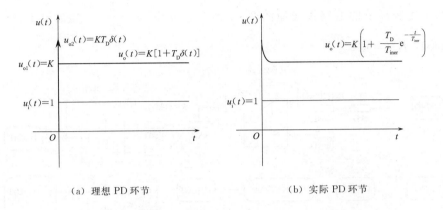

（a）理想 PD 环节　　　　　　　　　（b）实际 PD 环节

图 2-5　理想 PD 环节和实际 PD 环节的单位阶跃响应

（六）比例积分微分（PID）环节的传递函数和阶跃响应

理想的比例积分微分环节的传递函数为

$$\frac{U_o(s)}{U_i(s)} = K_P + \frac{1}{T_I s} + T_D s \tag{2-7}$$

式中：K_P 为比例系数；T_I 为积分时间常数。

实际的比例积分微分环节的传递函数为

$$\frac{U_o(s)}{U_i(s)} = K_P + \frac{1}{T_I s} + \frac{T_D s + K_1}{T_{iner} s + 1} \tag{2-8}$$

式中：K_1 为比例系数。

理想 PID 环节和实际 PID 环节的单位阶跃响应曲线的形式如图 2-6 所示。图中：$u_i(t)$是输入的单位阶跃信号；$u_o(t)$是 PID 环节的单位阶跃响应信号；$u_{o1}(t)$是理想 PID 环节中比例（P）环节的单位阶跃响应信号分量；$u_{o2}(t)$是理想 PID 环节中积分（I）环节的单位阶跃响应信号分量；$u_{o3}(t)$是理想 PID 环节中微分（D）环节的单位阶跃响应信号分量。

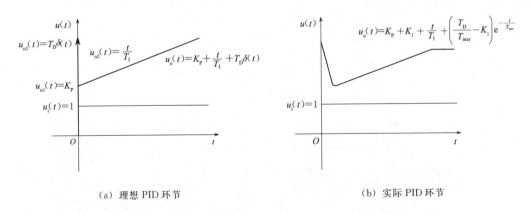

（a）理想 PID 环节　　　　　　　　　（b）实际 PID 环节

图 2-6　理想 PID 环节和实际 PID 环节的单位阶跃响应

四、实验电路

（一）比例（P）环节的实验电路

实验用比例环节的电路接线如图 2-7 所示，其中 $K=\dfrac{R_1}{R_0}$。参数取 $R_0=100\text{k}\Omega$，$R_1=200\text{k}\Omega$，$R=10\text{k}\Omega$。

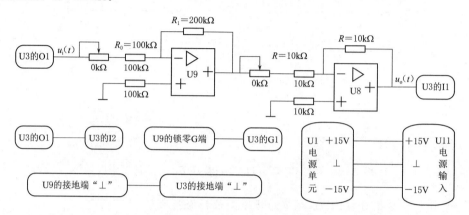

图 2-7　比例环节的实验电路

接线注意事项：

（1）所有运放单元的"＋"输入端所接 $100\text{k}\Omega$、$10\text{k}\Omega$ 接地电阻均已经内部接好，实验时不需要外接。

（2）将 U9 单元输入支路的 $100\text{k}\Omega$ 可调电阻逆时针旋转到底（即调至最小 $0\text{k}\Omega$），使输入电阻 R_0 的总阻值为 $100\text{k}\Omega$。

（3）U8 单元为反相器单元，将 U8 单元输入支路的 $10\text{k}\Omega$ 可调电阻逆时针旋转到底（即调至最小 $0\text{k}\Omega$），使输入电阻 R 的总阻值为 $10\text{k}\Omega$。

（二）积分（I）环节的实验电路

实验用积分环节的电路接线如图 2-8 所示，其中 $T=R_0C$。参数取 $R_0=100\text{k}\Omega$，$C=1\mu\text{F}$，$R=10\text{k}\Omega$。

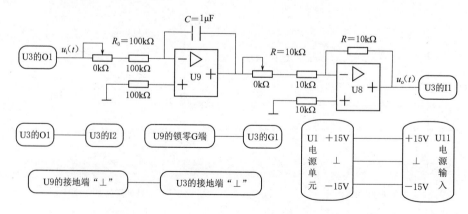

图 2-8　积分环节的实验电路

接线注意事项：

（1）所有运放单元的"＋"输入端所接 100kΩ、10kΩ 接地电阻均已经内部接好，实验时不需要外接。

（2）将 U9 单元输入支路的 100kΩ 可调电阻逆时针旋转到底（即调至最小 0kΩ），使输入电阻 R_0 的总阻值为 100kΩ。

（3）U8 单元为反相器单元，将 U8 单元输入支路的 10kΩ 可调电阻逆时针旋转到底（即调至最小 0kΩ），使输入电阻 R 的总阻值为 10kΩ。

（三）比例积分（PI）环节的实验电路

实验用比例积分环节的电路接线如图 2-9 所示，其中 $K=\dfrac{R_1}{R_0}$，$T=R_0C$。参数取 $R_0=100\text{kΩ}$，$R_1=200\text{kΩ}$，$C=1\mu\text{F}$，$R=10\text{kΩ}$。

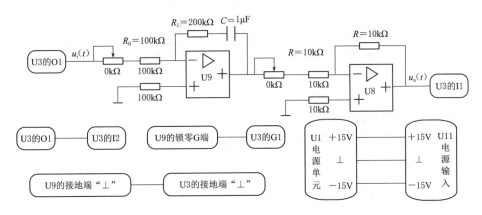

图 2-9 比例积分环节的实验电路

接线注意事项：

（1）所有运放单元的"＋"输入端所接 100kΩ、10kΩ 接地电阻均已经内部接好，实验时不需要外接。

（2）将 U9 单元输入支路的 100kΩ 可调电阻逆时针旋转到底（即调至最小 0kΩ），使输入电阻 R_0 的总阻值为 100kΩ；电容 C 采用元器件单元 U4 中的 $1\mu\text{F}$ 电容。

（3）U8 单元为反相器单元，将 U8 单元输入支路的 10kΩ 可调电阻逆时针旋转到底（即调至最小 0kΩ），使输入电阻 R 的总阻值为 10kΩ。

（四）惯性环节的实验电路

实验用惯性环节的电路接线如图 2-10 所示，其中 $K=\dfrac{R_1}{R_0}$，$T=R_1C$。参数取 $R_0=100\text{kΩ}$，$R_1=200\text{kΩ}$，$C=1\mu\text{F}$，$R=10\text{kΩ}$。

接线注意事项：

（1）所有运放单元的"＋"输入端所接 100kΩ、10kΩ 接地电阻均已经内部接好，实验时不需要外接。

（2）将 U13 单元输入支路的 100kΩ 可调电阻逆时针旋转到底（即调至最小 0kΩ），使

输入电阻 R_0 的总阻值为 100kΩ；R_1 和 C 在 U13 单元模块上。

（3）U8 单元为反相器单元，将 U8 单元输入支路的 10kΩ 可调电阻逆时针旋转到底（即调至最小 0kΩ），使输入电阻 R 的总阻值为 10kΩ。

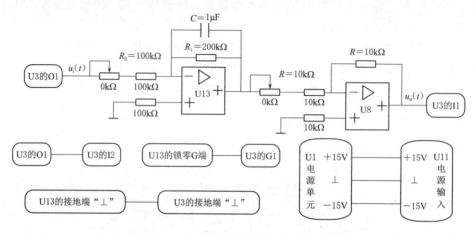

图 2-10　惯性环节的实验电路

（五）比例微分（PD）环节的实验电路

实验用比例微分环节的电路接线如图 2-11 所示，其模拟电路是近似的（即实际 PD 环节），取 $R_1 \gg R_3$，$R_2 \gg R_3$，则有 $K = \dfrac{R_1 + R_2}{R_0}$，$T_D = \dfrac{R_1 R_2}{R_1 + R_2}C$，$T_{iner} = R_3 C$。参数取 $R_0 = 10\text{kΩ}$，$R_1 = 10\text{kΩ}$，$R_2 = 10\text{kΩ}$，$R_3 = 200\text{Ω}$，$C = 1\mu\text{F}$，$R = 10\text{kΩ}$。

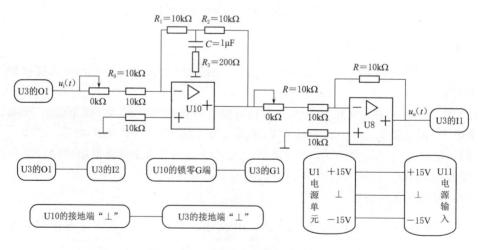

图 2-11　比例微分环节的实验电路

接线注意事项：

（1）所有运放单元的"+"输入端所接 10kΩ 接地电阻均已经内部接好，实验时不需要外接。

22

（2）将 U10 单元输入支路的 10kΩ 可调电阻逆时针旋转到底（即调至最小 0kΩ），使输入电阻 R_0 的总阻值为 10kΩ；R_2，C，R_3 在 U10 单元模块上；R_1 采用元器件单元 U4 中的 10kΩ 电阻。

（3）U8 单元为反相器单元，将 U8 单元输入支路的 10kΩ 可调电阻逆时针旋转到底（即调至最小 0kΩ），使输入电阻 R 的总阻值为 10kΩ。

（六）比例积分微分（PID）环节的实验电路

实验用比例积分微分环节的电路接线如图 2-12 所示，其模拟电路是近似的（即实际 PID 环节），取 $R_1 \gg R_2 \gg R_3$，则有 $K_P = \dfrac{R_1 + R_2}{R_0}$，$T_I = R_0 C_1$，$T_D = \dfrac{R_1 R_2}{R_0} C_2$，$T_{iner} = R_3 C_2$，$K_1 = \dfrac{R_2 C_2}{R_0 C_1}$。参数取 $R_0 = 200$kΩ，$R_1 = 100$kΩ，$R_2 = 10$kΩ，$R_3 = 1$kΩ，$C_1 = 1\mu$F，$C_2 = 10\mu$F，$R = 10$kΩ。

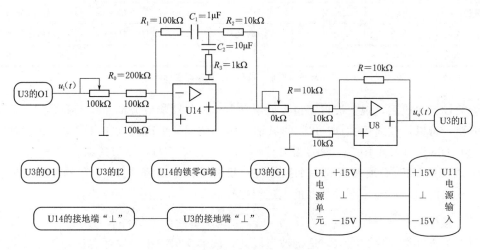

图 2-12 比例积分微分环节的实验电路

接线注意事项：

（1）所有运放单元的"＋"输入端所接 100kΩ、10kΩ 接地电阻均已经内部接好，实验时不需要外接。

（2）将 U14 单元输入支路的 100kΩ 可调电阻顺时针旋转到底（即调至最大 100kΩ），使输入电阻 R_0 的总阻值为 200kΩ；R_1，R_2，R_3，C_1，C_2 均在 U14 单元模块上。

（3）U8 单元为反相器单元，将 U8 单元输入支路的 10kΩ 可调电阻逆时针旋转到底（即调至最小 0kΩ），使输入电阻 R 的总阻值为 10kΩ。

五、实验步骤

（1）分别按照图 2-7～图 2-12 完成比例、积分、比例积分、惯性、比例微分、比例积分微分环节的实验电路接线。接线时要注意：先断电，再接线。

（2）打开电源单元 U1 和数据采集卡单元 U3 的电源开关。

（3）双击打开电脑桌面上的"时域示波器"图标，运行"时域特性实验软件"，软件主界面参见图 1-2。

（4）鼠标左键点击软件界面左上方的 ⬚ 图标，使软件进入运行状态（图 1-8）。

（5）鼠标左键点击软件界面右下方的 启动/暂停 按钮图标来启动软件。此时，有波形曲线在波形窗口界面滚动显示。

（6）软件界面的参数设置。对于不同的环节，参数设置见表 2-1，设置模块参见图 1-3～图 1-5。

表 2-1　　　　　　　　　　不同环节的软件界面参数设置

环节名称	测试信号 1	幅值 1	偏移 1	占空比 1%	频率/周期	四组 A/D 通道选择
比例	阶跃	3V	0	50	1Hz/1s	I1,I2 通道
积分	阶跃	3V	0	50	1Hz/1s	I1,I2 通道
比例积分	阶跃	3V	0	50	1Hz/1s	I1,I2 通道
惯性	阶跃	2V	0	50	1Hz/1s	I1,I2 通道
比例微分	阶跃	4V	0	50	1Hz/1s	I1,I2 通道
比例积分微分	阶跃	2V	0	50	1Hz/1s	I1,I2 通道

注　幅值、占空比、频率/周期 3 项参数的取值可以根据波形的实际情况进行修改。

参数设置完成后，观察波形窗口界面滚动显示的阶跃响应波形曲线。根据波形显示缩放的需要，可以调整通道"I1，I2"的纵轴电压挡位"V/DIV1""V/DIV2"和横轴时间挡位"T/DIV"（参见图 1-7）。需要注意的是，通道"I1，I2"的纵轴电压挡位"V/DIV1""V/DIV2"必须选用同一个挡位值，目的是保证通道"I1，I2"的波形，也就是输入、输出波形，在同一电压基准值上进行比较。

（7）鼠标左键点击软件界面右下方的 启动/暂停 按钮图标来暂停软件。鼠标拖动波形窗口界面右下方的滑动块，选取合适的波形段，在波形窗口中单击鼠标右键，在下拉菜单中选择"导出简化图像"，然后在弹出的窗口中点击选择"位图"、"保存至文件"和"隐藏网格"，点击右边的文件夹图标 🗀 将保存路径更改为 U 盘，并给波形图片命名，点击确认后就可将波形保存在 U 盘中。

（8）在整个实验过程中，软件可用 启动/暂停 按钮来控制启停，连续使用。所有实验操作完成后，鼠标左键点击软件界面右下方的 退出 图标，软件退出运行。

（9）鼠标左键点击软件界面右上方的 ✖ 图标，关闭程序软件。

说明：如果实验过程中出现问题，需要退出并关闭软件，然后重新打开软件界面进行操作。

六、实验报告

做实验之前，需要先进行预习，撰写实验报告的以下 4 个部分的内容：

（1）实验目的。

（2）实验内容。

（3）实验原理。

（4）实验电路。

实验完成后，总结分析实验过程和结果，撰写实验报告的剩余 2 个部分，包括：

（5）实验波形。

（6）实验体会。

第二节　MATLAB 仿真环境下的实验

一、实验目的

（1）熟悉各种典型环节的阶跃响应曲线。

（2）了解参数变化对典型环节动态特性的影响。

二、实验任务

（一）比例环节（K）

打开 MATLAB 软件，启动 Simulink，建立一个空白的仿真操作界面。从 Simulink 图形库浏览器中拖曳 Step（阶跃输入模块）、Gain（增益函数）、Scope（示波器模块）到仿真操作界面，连接成仿真框图，如图 2-13 所示。改变 Gain（增益函数）的参数，从而改变比例环节的放大倍数 K，观察它们的单位阶跃响应曲线变化情况，可以同时显示 3 条响应曲线。

（二）积分环节 $\left(\dfrac{1}{Ts}\right)$

将图 2-13 仿真框图中的 Gain（增益函数）换成 Transfer Fcn（传递函数），设置 Transfer Fcn（传递函数）的参数，使其传递函数变成 $\dfrac{1}{Ts}$ 型，如图 2-14 所示。改变 Transfer Fcn（传递函数）的参数，从而改变积分环节的积分时间常数 T，观察它们的单位阶跃响应曲线变化情况。

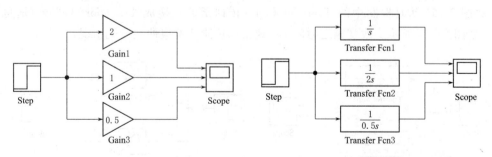

图 2-13　比例环节仿真框图　　　　图 2-14　积分环节仿真框图

（三）一阶惯性环节 $\left(\dfrac{1}{Ts+1}\right)$

将图 2-14 仿真框图中 Transfer Fcn（传递函数）的参数重新设置，使其传递函数变

成 $\dfrac{1}{Ts+1}$ 型，如图 2-15 所示。改变惯性环节的时间常数 T，观察它们的单位阶跃响应曲线变化情况。

（四）实际微分环节 $\left(\dfrac{Ks}{Ts+1}\right)$

将图 2-15 仿真框图中 Transfer Fcn（传递函数）的参数重新设置，使其传递函数变成 $\dfrac{Ks}{Ts+1}$ 型（参数设置时应注意 $T \ll 1$），如图 2-16 所示。令 K 不变，改变 Transfer Fcn（传递函数）的参数，从而改变 T，观察它们的单位阶跃响应曲线变化情况。

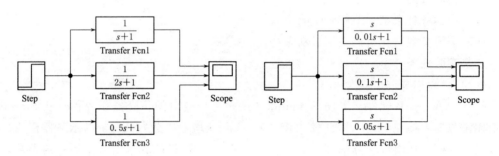

图 2-15　惯性环节仿真框图　　　　图 2-16　实际微分环节仿真框图

（五）二阶振荡环节 $\left(\dfrac{\omega_n^2}{s^2+2\zeta\omega_n s+\omega_n^2}\right)$

将图 2-16 仿真框图中 Transfer Fcn（传递函数）的参数重新设置，使其传递函数变成 $\dfrac{\omega_n^2}{s^2+2\zeta\omega_n s+\omega_n^2}$ 型（参数设置时应注意 $0<\zeta<1$），如图 2-17 所示。

（1）令 ω_n 不变，ζ 取不同值（$0<\zeta<1$），观察其单位阶跃响应曲线变化情况。

（2）令 $\zeta=0.2$ 不变，ω_n 取不同值，观察其单位阶跃响应曲线变化情况。

（六）延迟环节 $(e^{-\tau s})$

将图 2-17 仿真框图中的 Transfer Fcn（传递函数）换成 Transport Delay（时间延迟），如图 2-18 所示。改变延迟时间 τ，观察单位阶跃响应曲线变化情况。

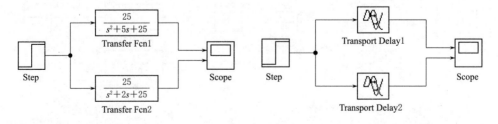

图 2-17　二阶振荡环节仿真框图　　　　图 2-18　延迟环节仿真框图

三、实验报告

做实验之前，需要先进行预习，撰写实验报告的以下 2 个部分的内容：

（1）实验目的。

（2）实验任务。

实验完成后，总结分析实验过程和结果，撰写实验报告的剩余 3 个部分，包括：

（3）各环节的仿真框图和阶跃响应曲线。

（4）讨论各环节中参数变化对阶跃响应的影响。

（5）实验体会。

第三章 典型系统动态性能和稳定性分析

第一节 模拟电路平台下的实验

一、实验目的
(1) 研究典型系统参数变化对二阶系统动态性能和稳定性的影响。
(2) 巩固应用劳斯稳定判据判断三阶系统动态性能和稳定性的方法。

二、实验内容
(1) 观测二阶系统的阶跃响应，研究其参数变化对动态性能和稳定性的影响。
(2) 观测三阶系统的阶跃响应，研究其参数变化对动态性能和稳定性的影响。

三、实验原理[2]
（一）实验用典型二阶系统的结构图和传递函数

实验用典型二阶系统的结构图如图 3-1 所示。

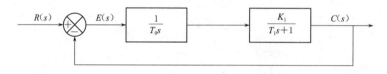

图 3-1 典型二阶系统的结构图

可以看到：

(1) $R(s)$ 是系统的外加输入信号，$C(s)$ 是系统的输出信号，通过一个单位闭环反馈通道[即 $H(s)=1$]，将 $C(s)$ 引到输入端与 $R(s)$ 做负反馈叠加，得到误差信号 $E(s)=R(s)-C(s)$。

(2) 系统的前向通道上有 2 个模块，第 1 个模块的传递函数是 $G_1(s)=\dfrac{1}{T_0 s}$，是一个积分环节；第 2 个模块的传递函数是 $G_2(s)=\dfrac{K_1}{T_1 s+1}$，是一个惯性环节。

(3) 用一句话概括总结系统的结构，就是"前向通道上由 1 个积分环节和 1 个惯性环节构成的单位闭环负反馈系统"。

由于反馈传递函数 $H(s)=1$，所以系统的开环传递函数与前向传递函数相同，均为

$$G(s)=G_1(s)G_2(s)=\frac{K_1}{T_0 s(T_1 s+1)} \tag{3-1}$$

根据单回环闭环系统传递函数的一般公式，可以求出系统的闭环传递函数为

$$W(s) = \frac{G(s)}{1+G(s)} = \frac{K_1}{T_0 T_1 s^2 + T_0 s + K_1} = \frac{\dfrac{K_1}{T_0 T_1}}{s^2 + \dfrac{s}{T_1} + \dfrac{K_1}{T_0 T_1}} = \frac{\omega_n^2}{s^2 + 2\zeta\omega_n s + \omega_n^2}$$

$$(3-2)$$

可以得到自然频率 ω_n 和阻尼比 ζ 这 2 个描述二阶系统动态性能的特性参数的表达式：

$$\omega_n = \sqrt{\frac{K_1}{T_0 T_1}} \tag{3-3}$$

$$\zeta = \frac{1}{2}\sqrt{\frac{T_0}{K_1 T_1}} \tag{3-4}$$

不同的阻尼比 ζ 取值对应不同的系统动态过程，分为欠阻尼、临界阻尼、过阻尼三种情况，其阶跃响应波形如图 3-2 所示。

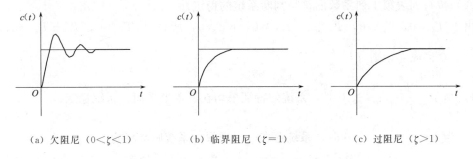

(a) 欠阻尼（$0<\zeta<1$）　　　　(b) 临界阻尼（$\zeta=1$）　　　　(c) 过阻尼（$\zeta>1$）

图 3-2　三种不同阻尼状态的阶跃响应波形

（二）实验用典型三阶系统的结构图和传递函数

实验用典型三阶系统的结构图如图 3-3 所示。可以看到，系统是前向通道上由 1 个积分环节和 2 个惯性环节构成的单位闭环负反馈系统。

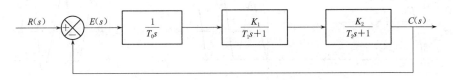

图 3-3　典型三阶系统的结构图

由于反馈传递函数 $H(s)=1$，所以系统的开环传递函数与前向传递函数相同，均为

$$G(s) = G_1(s)G_2(s)G_3(s) = \frac{K}{s(T_1 s+1)(T_2 s+1)} \tag{3-5}$$

其中 $K = \dfrac{K_1 K_2}{T_0}$。根据单回环闭环系统传递函数的一般公式，可以求出系统的闭环传递函数为

$$W(s) = \frac{G(s)}{1+G(s)} = \frac{K}{T_1 T_2 s^3 + (T_1 + T_2)s^2 + s + K} \qquad (3-6)$$

由闭环传递函数可以得到系统的特征方程为

$$T_1 T_2 s^3 + (T_1 + T_2) s^2 + s + K = 0 \qquad (3-7)$$

用劳斯稳定判据判断系统的稳定性，过程如下：

（1）写劳斯行列表：

$$
\begin{array}{ccc}
s^3 & T_1 T_2 & 1 \\
s^2 & T_1 + T_2 & K \\
s & 1 - \dfrac{T_1 T_2 K}{T_1 + T_2} & 0 \\
s^0 & K &
\end{array}
$$

（2）按行列表第 1 列系数的符号判断系统的稳定性。

由于 $T_0 > 0$，$T_1 > 0$，$T_2 > 0$，$K_1 > 0$，$K_2 > 0$，所以 $T_1 T_2 > 0$，$T_1 + T_2 > 0$，$K = \dfrac{K_1 K_2}{T_0} > 0$ 恒成立，则有：

1）当 $1 - \dfrac{T_1 T_2 K}{T_1 + T_2} > 0$ 时，系统的特征根均在 s 左半平面，系统稳定。

2）当 $1 - \dfrac{T_1 T_2 K}{T_1 + T_2} = 0$ 时，系统存在一对虚根，系统临界稳定。

3）当 $1 - \dfrac{T_1 T_2 K}{T_1 + T_2} < 0$ 时，系统有 2 个正实部的根，系统不稳定。

三阶系统稳定、临界稳定和不稳定的阶跃响应波形如图 3-4 所示。

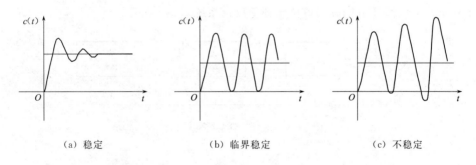

（a）稳定　　　　　　　（b）临界稳定　　　　　　　（c）不稳定

图 3-4　三阶系统的阶跃响应波形

四、实验电路

（一）典型二阶系统的实验电路

实验用典型二阶系统的电路接线如图 3-5 所示。实验参数取 $R_0 = R_f = 200\text{k}\Omega$，$R_1 = 200\text{k}\Omega$，$R_2 = 100\text{k}\Omega$，$C_1 = 1\mu\text{F}$，$C_2 = 1\mu\text{F}$，$R = 10\text{k}\Omega$。U15 单元反馈支路的可变电阻 R_x 接元件库 U4 单元的 220kΩ 或者 1MΩ 可调电阻。

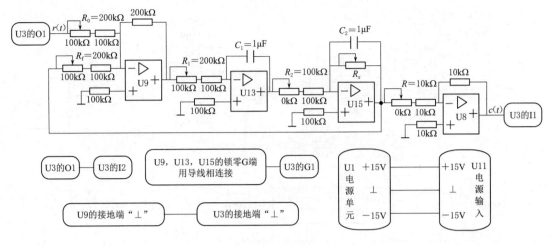

图 3-5 典型二阶系统的实验电路

接线注意事项：

（1）所有运放单元的"＋"输入端所接 100kΩ 或 10kΩ 接地电阻均已经内部接好，实验时不需要外接。

（2）将 U9 单元两条输入支路的 100kΩ 可调电阻均顺时针旋转到底（即调至最大 100kΩ），使输入电阻 R_0、反馈电阻 R_f 的总阻值均为 200kΩ。

（3）将 U13 单元输入支路的 100kΩ 可调电阻顺时针旋转到底（即调至最大 100kΩ），使输入电阻 R_1 的总阻值为 200kΩ；C_1 在 U13 单元模块上。

（4）将 U15 单元输入支路的 100kΩ 可调电阻逆时针旋转到底（即调至最小 0kΩ），使输入电阻 R_2 的总阻值为 100kΩ；C_2 在 U15 单元模块上；R_x 接元件库 U4 单元的 220kΩ 或者 1MΩ 可调电阻。

（5）U8 单元为反相器单元，将 U8 单元输入支路的 10kΩ 可调电阻逆时针旋转到底（即调至最小 0kΩ），使输入电阻 R 的总阻值为 10kΩ。

（二）典型三阶系统的实验电路

实验用典型三阶系统的电路接线如图 3-6 所示。实验参数取 $R_0 = R_f = 200kΩ$，$R_1 = 100kΩ$，$R_2 = 100kΩ$，$R_3 = 100kΩ$，$R_4 = 510kΩ$，$C_1 = 10\mu F$，$C_2 = 1\mu F$，$C_3 = 1\mu F$，$R = 10kΩ$。U11 单元的输入支路可调电阻 R_x 接元件库 U4 单元的 220kΩ 或者 1MΩ 可调电阻。

接线注意事项：

（1）所有运放单元的"＋"输入端所接 100kΩ 或 10kΩ 接地电阻均已经内部接好，实验时不需要外接。

（2）将 U9 单元两条输入支路的 100kΩ 可调电阻均顺时针旋转到底（即调至最大 100kΩ），使输入电阻 R_0、反馈电阻 R_f 的总阻值均为 200kΩ。

（3）将 U13 单元输入支路的 100kΩ 可调电阻逆时针旋转到底（即调至最小 0kΩ），使输入电阻 R_1 的总阻值为 100kΩ；C_1 取元件库 U4 单元的 10μF 电容。

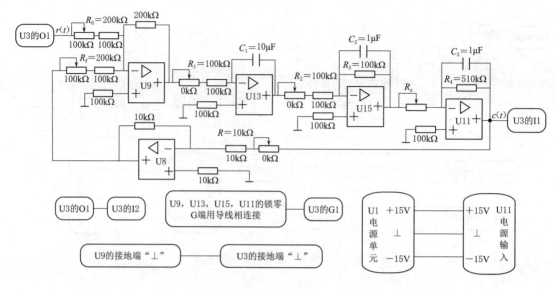

图 3-6　典型三阶系统的实验电路

（4）将 U15 单元输入支路的 100kΩ 可调电阻逆时针旋转到底（即调至最小 0kΩ），使输入电阻 R_2 的总阻值为 100kΩ；C_2 在 U15 单元模块上。

（5）U11 单元输入支路的可变电阻 R_x 接元件库 U4 单元的 220kΩ 或者 1MΩ 可调电阻；C_3 和 510kΩ 电阻均在 U11 单元模块上。

（6）U8 单元为反相器单元，将 U8 单元输入支路的 10kΩ 可调电阻逆时针旋转到底（即调至最小 0kΩ），使输入电阻 R 的总阻值为 10kΩ。

五、实验步骤

（1）分别按照图 3-5 和图 3-6 完成典型二阶系统和三阶系统的实验电路接线。接线时要注意：先断电，再接线。

（2）打开电源单元 U1 和数据采集卡单元 U3 的电源开关。

（3）双击打开电脑桌面上的"时域示波器"图标，运行"时域特性实验软件"，软件主界面参见图 1-2。

（4）鼠标左键点击软件界面左上方的 图标，使软件进入运行状态（图 1-8）。

（5）鼠标左键点击软件界面右下方的 按钮图标来启动软件。此时，有波形曲线在波形窗口界面滚动显示。

（6）软件界面的参数设置模块参见图 1-3～图 1-6，参数设置如下：

测试信号 1：阶跃　　　　　　　　幅值 1：2V

偏移 1：0　　　　　　　　　　　　占空比 1%：90

频率/周期：0.1Hz/10s　　　　　　四组 A/D 通道选择：I1，I2 通道

波形窗口下方的时间挡位：2s　　　显示模式：X-t 模式

注意：幅值、占空比、频率/周期 3 项参数的取值可以根据波形的实际情况进行修改。

参数设置完成后，观察波形窗口界面滚动显示的阶跃响应波形曲线。根据波形显示缩

放的需要，可以调整通道"I1，I2"的纵轴电压挡位"V/DIV1""V/DIV2"和横轴时间挡位"T/DIV"（图 1-7）。需要注意的是，通道"I1，I2"的纵轴电压挡位"V/DIVI""V/DIV2"必须选用同一个挡位值，目的是保证通道"I1，I2"的波形，也就是输入、输出波形，在同一电压基准值上进行比较。

（7）调节改变实验电路中可变电阻 R_x 的阻值，找到三种不同情况的阶跃响应波形。

1）对于图 3-5 所示的典型二阶系统实验电路，调节可变电阻 R_x 的阻值，找到图 3-2 所对应的欠阻尼、临界阻尼、过阻尼三种情况下的阶跃响应曲线。保存三种情况的阶跃响应波形，并用万用表测量记录每种情况波形对应的 R_x 阻值。

2）对于图 3-6 所示的典型三阶系统实验电路，调节可变电阻 R_x 的阻值，找到图 3-4 所对应的稳定、临界稳定、不稳定三种情况下的阶跃响应曲线。保存三种情况的阶跃响应波形，并用万用表测量记录每种情况波形对应的 R_x 阻值。

注意：

1）在调节 R_x 阻值的过程中，每找到一种情况的波形，就用鼠标左键点击软件界面右下方的 启动/暂停 按钮图标来暂停软件。然后用鼠标拖动波形窗口界面右下方的滑动块，选取合适的波形段，在波形窗口中单击鼠标右键，在下拉菜单中选择"导出简化图像"，然后在弹出的窗口中点击选择"位图""保存至文件"和"隐藏网格"，点击右边的文件夹图标 📁 将保存路径更改为 U 盘，并给波形图片命名，点击确认后就可将波形保存在 U 盘中。

2）用万用表测量 R_x 的阻值时，需要将电源单元 U1 的电源开关断电，并且将接在 R_x 上的导线拔下来，用万用表的表笔直接对 R_x 的阻值进行测量。

3）阻值测量完成后，恢复 R_x 的接线，并重新打开电源单元 U1 的电源开关，用鼠标左键点击软件界面右下方的 启动/暂停 按钮图标来重新启动软件，继续调节 R_x 的阻值，寻找下一种情况的阶跃响应波形。

（8）在整个实验过程中，软件可用 启动/暂停 按钮来控制启停，连续使用。所有实验操作完成后，鼠标左键点击软件界面右下方的 退出 图标，软件退出运行。

（9）鼠标左键点击软件界面右上方的 ☒ 图标，关闭程序软件。

说明：如果实验过程中出现问题，需要退出并关闭软件，然后重新打开软件界面进行操作。

六、数据分析

（一）典型二阶系统的数据分析

前面根据图 3-1 典型二阶系统的结构图，列写闭环传递函数 $W(s)$ 的表达式，已经推得阻尼比 ζ 的计算公式。由图 3-5 典型二阶系统的实验电路，可以得到 $T_0 = R_1 C_1$，$K_1 = \dfrac{R_x}{R_2}$，$T_1 = R_x C_2$，代入式（3-4），得

$$\zeta = \frac{1}{2} \sqrt{\frac{R_1 R_2 C_1}{R_x^2 C_2}} \tag{3-8}$$

由图 3-5 可知，$R_1=200\text{k}\Omega$，$R_2=100\text{k}\Omega$，$C_1=1\mu\text{F}$，$C_2=1\mu\text{F}$。将实验过程中测量记录的三种阻尼状态的阶跃响应波形所对应的可变电阻 R_x 的阻值代入上述阻尼比计算公式。将计算得到的阻尼比 ζ 的数值与图 3-2 中的三个阻尼比区间条件进行对比，验证是否相吻合。

（二）典型三阶系统的数据分析

前面根据图 3-3 典型三阶系统的结构图，列写闭环传递函数 $W(s)$ 的表达式，根据劳斯稳定判据，得到 $1-\dfrac{T_1 T_2 K}{T_1+T_2}=0$ 时，系统临界稳定。从而有

$$\frac{T_1+T_2}{T_1 T_2}=K=\frac{K_1 K_2}{T_0} \tag{3-9}$$

由图 3-6 典型三阶系统的实验电路，可以得到：$T_0=R_1 C_1$，$K_1=\dfrac{R_3}{R_2}$，$T_1=R_3 C_2$，$K_2=\dfrac{R_4}{R_x}$，$T_2=R_4 C_3$。将图 3-6 的实验参数 $R_1=100\text{k}\Omega$，$R_2=100\text{k}\Omega$，$R_3=100\text{k}\Omega$，$R_4=510\text{k}\Omega$，$C_1=10\mu\text{F}$，$C_2=1\mu\text{F}$，$C_3=1\mu\text{F}$ 代入进行计算，可以得到系统临界稳定状态所对应的 R_x 阻值以及稳定状态和不稳定状态所对应的 R_x 阻值区间。将实验过程中测量记录的三种稳定状态的阶跃响应波形所对应的可变电阻 R_x 阻值与上述理论值计算结果进行对比，验证是否吻合。

七、实验报告

做实验之前，需要先进行预习，撰写实验报告的以下 4 个部分的内容：

（1）实验目的。

（2）实验内容。

（3）实验原理。

（4）实验电路。

实验完成后，总结分析实验过程和结果，撰写实验报告的剩余 2 个部分，包括：

（5）实验结果：

1）实验波形。

2）数据分析。

（6）实验体会。

第二节　MATLAB 仿真环境下的实验

一、实验目的

（1）研究高阶系统的稳定性，验证稳定判据的正确性。

（2）了解系统增益变化对系统稳定性的影响。

（3）观察系统结构和稳态误差之间的关系。

二、实验任务

（一）稳定性分析

欲判断系统的稳定性，只要求出系统的闭环极点即可，而系统的闭环极点就是闭环传

递函数的分母多项式的根，可以利用 MATLAB 中的 tf2zp 函数求出系统的零极点，或者利用 root 函数求分母多项式的根来确定系统的闭环极点，从而判断系统的稳定性。

例题 1：已知单位负反馈控制系统的开环传递函数为 $G(s) = \dfrac{0.2(s+2.5)}{s(s+0.5)(s+0.7)(s+3)}$，用 MATLAB 编写程序来判断闭环系统的稳定性，并绘制闭环系统的零极点分布图。

在 MATLAB 命令窗口写入程序代码如下：

```
z = -2.5
p = [0, -0.5, -0.7, -3]
k = 0.2
Go = zpk(z,p,k)
Gc = feedback(Go,1)
Gctf = tf(Gc)
dc = Gctf.den
dens = poly2str(dc{1},'s')
```

运行结果如下：

```
dens =
s^4 + 4.2s^3 + 3.95s^2 + 1.25s + 0.5
```

dens 是系统的特征多项式，接着输入如下 MATLAB 程序代码：

```
den = [1,4.2,3.95,1.25,0.5]
p = roots(den)
```

运行结果如下：

```
p =
 -3.0058
 -1.0000
 -0.0971 + 0.3961i
 -0.0971 - 0.3961i
```

p 为特征多项式 dens 的根，即系统的闭环极点，所有闭环极点都是负的实部，因此闭环系统是稳定的。

下面绘制闭环系统的零极点分布图，MATLAB 程序代码如下：

```
z = -2.5
p = [0, -0.5, -0.7, -3]
k = 0.2
Go = zpk(z,p,k)
Gc = feedback(Go,1)
Gctf = tf(Gc)
[z,p,k] = zpkdata(Gctf,'v')
pzmap(Gctf)
```

```
    grid
```
运行结果如下：
```
    z =
       - 2.5000
    p =
       - 3.0058
       - 1.0000
       - 0.0971 + 0.3961i
       - 0.0971 - 0.3961i
    k =
       0.2000
```
输出闭环系统的零极点分布如图 3-7 所示。

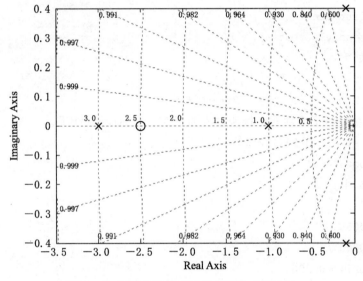

图 3-7 闭环系统的零极点分布图（例题 1）

任务 1：已知单位负反馈控制系统的开环传递函数为 $G(s) = \dfrac{k(s+2.5)}{s(s+0.5)(s+0.7)(s+3)}$，当取 $k=1$、10、100 时，用 MATLAB 编写程序来判断闭环系统的稳定性。

提示：只要将例题 1 代码中的 k 值变为 1、10、100，即可得到系统的闭环极点，从而判断系统的稳定性，并讨论系统增益 k 变化对系统稳定性的影响。

（二）稳态误差分析

例题 2：已知如图 3-8 所示的控制系统，其中 $G(s) = \dfrac{s+5}{s^2(s+10)}$。试计算当输入为单位阶跃信号、单位斜坡信号和单位加速度信号时的稳态误差。

打开 MATLAB 软件，启动 Simulink，建立一个空白的仿真操作界面。从 Simulink

图形库浏览器中拖曳 Sum（求和模块）、Zero - Pole（零极点模块）、Scope（示波器模块）
到仿真操作界面，连接成仿真框图如图 3 - 9 所示。图中，Zero - Pole 模块建立 G (s)，
信号源分别选择阶跃信号（Step 模块）、斜坡信号（Ramp 模块）和加速度信号〔由
Ramp1 模块、Gain（增益模块）、Math Function（数学函数模块）等基本模块连接构
成〕。其中，在构成加速度信号时，Math Function 模块的参数设置中，Function（函数）
项选为 square（平方），如图 3 - 10 所示。为更好观察波形，将仿真器参数中的仿真时间
和示波器的显示时间范围设置为 300s。

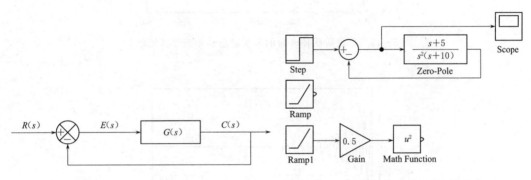

图 3 - 8　系统结构图　　　　　　　　　图 3 - 9　系统稳态误差分析仿真框图

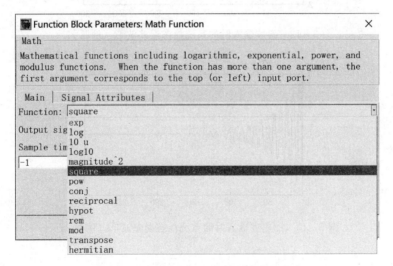

图 3 - 10　Math Function 模块的参数设置方法

　　信号源选定阶跃信号，连好模型进行仿真，仿真结束后，双击示波器，输出波形如
图 3 - 11 所示。
　　信号源选定斜坡信号，连好模型进行仿真，仿真结束后，双击示波器，输出波形如
图 3 - 12 所示。
　　信号源选定加速度信号，连好模型进行仿真，仿真结束后，双击示波器，输出波形如
图 3 - 13 所示。
　　从图 3 - 11～图 3 - 13 可以看出不同输入作用下的系统稳态误差，系统是Ⅱ型系统，因

此在阶跃输入和斜坡输入下，系统稳态误差为 0，在加速度信号输入下，存在稳态误差。

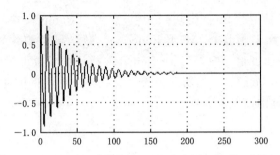

图 3-11   单位阶跃输入时的系统稳态误差波形（例题 2）

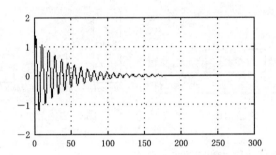

图 3-12   斜坡输入时的系统稳态误差波形（例题 2）

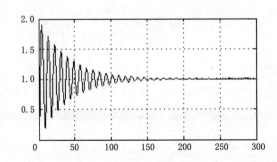

图 3-13   加速度输入时的系统稳态误差波形（例题 2）

任务 2：若将系统变为 I 型系统，$G(s) = \dfrac{5}{s(s+10)}$，在阶跃输入、斜坡输入和加速度信号输入作用下，通过仿真来分析系统的稳态误差。

三、实验报告

做实验之前，需要先进行预习，撰写实验报告的以下 2 个部分的内容：

（1）实验目的。

（2）实验任务。

实验完成后，总结分析实验过程和结果，撰写实验报告的剩余 3 个部分，包括：

（3）实验结果（程序代码、仿真框图、波形和数据结果）。

（4）讨论下列问题：

1）讨论系统增益 k 变化对系统稳定性的影响。

2）讨论系统型数以及系统输入对系统稳态误差的影响。

（5）实验体会。

第四章 典型环节（或系统）的频率特性测量

第一节 模拟电路平台下的实验

一、实验目的

（1）学习和掌握测量典型环节（或系统）频率特性曲线的方法和技能。

（2）学习根据实验所得频率特性曲线求取传递函数的方法。

二、实验内容

（1）用实验方法完成一阶惯性环节频率特性曲线的绘制。

（2）用实验方法完成典型二阶系统开环频率特性曲线的绘制。

（3）根据实验所得频率特性曲线，求取一阶惯性环节和典型二阶系统的开环传递函数。

三、实验原理[2]

（一）一阶惯性环节的传递函数和频率特性曲线

一阶惯性环节的传递函数为

$$G(s) = \frac{K}{Ts+1} \tag{4-1}$$

取 $s = j\omega$ 代入，得一阶惯性环节的频率特性为

$$G(j\omega) = \frac{K}{j\omega T + 1} = \frac{K}{\sqrt{1+(\omega T)^2}} e^{-j\arctan \omega T} = A(\omega) e^{j\varphi(\omega)} \tag{4-2}$$

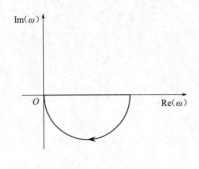

一阶惯性环节的幅相频率特性曲线（极坐标图）是一个半圆，如图 4-1 所示。图中：横坐标 $\mathrm{Re}(\omega)$ 表示 $G(j\omega)$ 的实部，即 $\mathrm{Re}(\omega) = \mathrm{Re}\left[G(j\omega)\right]$，纵坐标 $\mathrm{Im}(\omega)$ 表示 $G(j\omega)$ 的虚部，即 $\mathrm{Im}(\omega) = \mathrm{Im}\left[G(j\omega)\right]$。

一阶惯性环节的对数幅频和相频特性曲线（伯德图）如图 4-2 所示。图中：横坐标 ω 是角频率，对数幅频特性曲线的纵坐标 $L(\omega) = 20\lg A(\omega)$，对数相频特性曲线的纵坐标 $\varphi(\omega) = \angle G(j\omega)$。

图 4-1 一阶惯性环节的极坐标图

（二）典型二阶系统的开环传递函数和频率特性曲线

对于由两个惯性环节组成的二阶系统，其开环传递函数为

$$G(s) = \frac{K}{(T_1 s+1)(T_2 s+1)} = \frac{K}{T^2 s^2 + 2\zeta Ts + 1} \quad (\zeta \geqslant 1) \tag{4-3}$$

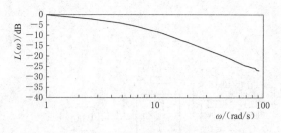

(a) 对数幅频特性曲线（伯德图）

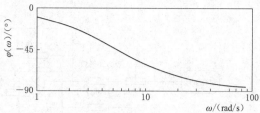

(b) 对数相频特性曲线（伯德图）

图 4-2　一阶惯性环节的对数幅频和相频特性曲线（伯德图）

令 $s=j\omega$，可以得到对应的频率特性为：

$$G(j\omega) = \frac{K}{-T^2\omega^2 + j2\zeta T\omega + 1}$$

$$= \frac{K}{\sqrt{(1-T^2\omega^2)^2 + (2\zeta T\omega)^2}} e^{-j\arctan\frac{2\zeta T\omega}{1-T^2\omega^2}}$$

$$= A(\omega)e^{j\varphi(\omega)} \qquad (4-4)$$

二阶系统开环传递函数的幅相频率特性曲线（极坐标图）如图 4-3 所示。对数幅频和相频特性曲线（伯德图）如图 4-4 所示。

图 4-3　二阶系统开环传递函数的幅相频率特性曲线（极坐标图）

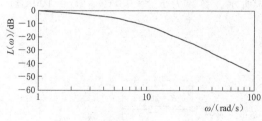

(a) 对数幅频特性曲线（伯德图）

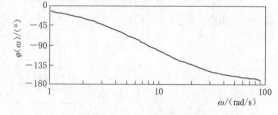

(b) 对数相频特性曲线（伯德图）

图 4-4　二阶系统开环传递函数的对数幅频和相频特性曲线（伯德图）

四、实验电路

（一）一阶惯性环节的实验电路

实验用一阶惯性环节的电路接线如图 4-5 所示。参数为 $R_0 = 200\text{k}\Omega$，$R_1 = 200\text{k}\Omega$，$C_1 = 1\mu\text{F}$，$R = 10\text{k}\Omega$。

接线注意事项：

（1）所有运放单元的"＋"输入端所接 100kΩ 或 10kΩ 接地电阻均已经内部接好，实验时不需要外接。

（2）将 U13 单元输入支路的 100kΩ 可调电阻顺时针旋转到底（即调至最大 100kΩ），使输入电阻 R_0 的总阻值为 200kΩ；其中，R_1、C_1 在 U13 单元模块上。

（3）U8 单元为反相器单元，将 U8 单元输入支路的 10kΩ 可调电阻逆时针旋转到底（即调至最小 0kΩ），使输入电阻 R 的总阻值为 10kΩ。

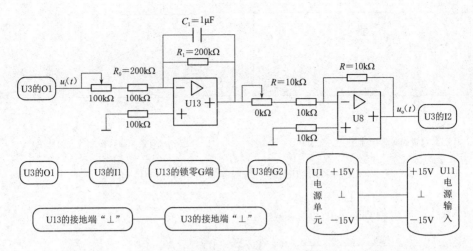

图 4-5　一阶惯性环节的实验电路

根据实验电路参数，$K=R_1/R_0=1$，$T=R_1C_1=0.2\text{s}$，可推导得到一阶惯性环节的传递函数为

$$G(s)=\frac{1}{0.2s+1} \qquad (4-5)$$

（二）典型二阶系统的实验电路

实验用典型二阶系统的电路接线如图 4-6 所示。参数为 $R_0=100\text{k}\Omega$，$R_1=100\text{k}\Omega$，$R_2=200\text{k}\Omega$，$R_3=200\text{k}\Omega$，$C_1=C_2=1\mu\text{F}$。

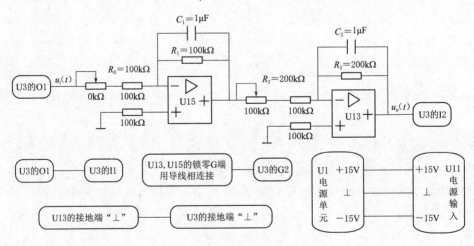

图 4-6　典型二阶系统的实验电路

接线注意事项：

（1）所有运放单元的"＋"输入端所接 100kΩ 接地电阻均已经内部接好，实验时不需要外接。

（2）将 U15 单元输入支路的 100kΩ 可调电阻逆时针旋转到底（即调至最小 0kΩ），使

42

输入电阻 R_0 的总阻值为 100kΩ；其中，R_1、C_1 在 U15 单元模块上。

（3）将 U13 单元输入支路的 100kΩ 可调电阻顺时针旋转到底（即调至最大 100kΩ），使输入电阻 R_2 的总阻值为 200kΩ；其中，R_3、C_2 在 U13 单元模块上。

根据实验电路参数，$K_1=R_1/R_0=1$，$K_2=R_3/R_2=1$，$K=K_1K_2=1$，$T_1=R_1C_1=0.1\mathrm{s}$，$T_2=R_3C_2=0.2\mathrm{s}$，可推导得到典型二阶系统的开环传递函数为

$$G(s)=\frac{1}{(0.1s+1)(0.2s+1)}=\frac{1}{0.02s^2+0.3s+1} \qquad (4-6)$$

五、实验步骤

（一）利用实验设备完成一阶惯性环节的频率特性曲线绘制

（1）按照图 4-5 完成实验电路接线。

（2）打开电源单元 U1 和数据采集卡单元 U3 的电源开关。

（3）双击打开电脑桌面上的 图标，运行"频率特性实验软件"。软件界面参见图 1-10。

（4）软件界面参数设置（图 1-11）：点击右上角"电路类型"选择"一阶 RC"，系统自动将各测量窗口量程设置为适合一阶电路的大小。"输出通道"选择默认的"I1，I2"。勾选"自定义测频范围"，将测频范围设定为 0.1～30Hz。勾选"幅值"，可以按默认值"8V"设置。勾选辅助显示"曲线"选项。

（5）点击右下角的"函数"功能图标 ，跳出"传递函数设置"对话框，将一阶惯性环节的传递函数 $G(s)=\dfrac{1}{0.2s+1}$ 输入对话框，点击"确定"按钮，参见图 1-14。

（6）点击"幅频（波特图）"和"相频（波特图）"（波特图同伯德图，涉及软件时为波特图）左下方的"测试效果"按钮，如图 4-7 所示出现的波形就是一阶惯性环节的幅频和相频仿真波形（实际软件界面上生成的仿真波形为黄色），方便与随后所绘制的实验波形进行比对，用以验证所绘制的实验波形的正确性，当实验波形与仿真波形完全重合时，说明实验波形正确，否则实验波形有误，需检查实验电路接线和元件参数设置。

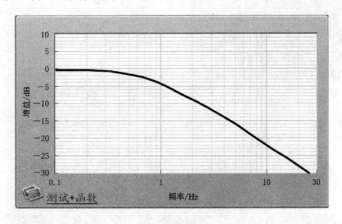

（a）幅频（伯德图）

图 4-7（一） 一阶惯性环节幅频和相频特性仿真波形

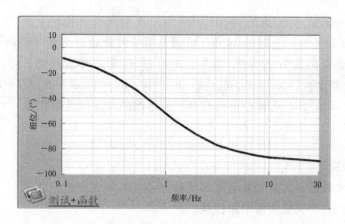

（b）相频（伯德图）

图 4-7（二）　一阶惯性环节幅频和相频特性仿真波形

（7）点击右上角"测试"功能按钮图标 ，开始绘制频率特性曲线。整个实验过程预计需要 30s 左右，期间请勿点击软件界面上的任何地方，最好鼠标都不要晃动，耐心等待实验过程的结束。

（8）实验结束界面如图 4-8 所示。勾选辅助显示"游标"选项，则各个频率特性曲线图中会出现游标的功能。用鼠标拖动"幅频（波特图）"中的游标线移动，选取幅频曲线上的某一频率点，显示该点的坐标值，例如（2.0Hz，－8.7dB）。用鼠标拖动"相频（波特图）"中的游标线移动，移至相频曲线上的同一频率点，显示该点的坐标值，例如（2.0Hz，－68.4°）。

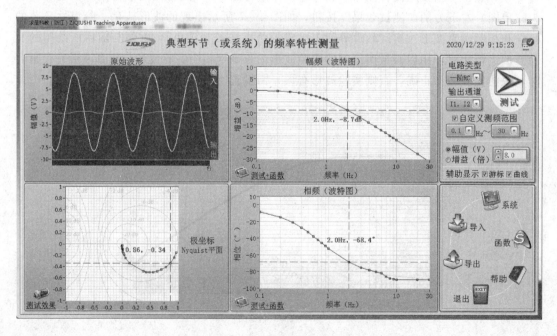

图 4-8　实验结束界面

（9）点击右下角的"导出"功能按钮图标![导出]，弹出"数据导出"对话框（图1-15）。在"导出图像文件"选项前打钩，同时点击![图标]图标，选择保存数据的文件路径，在跳出的路径对话框里，新建一个 txt 格式的文档，给文档命名（例如命名为1），然后点击"确定"按钮。初始路径会自动设定为 E:\数据\频率特性\测试数据\1.txt，在初始路径下点击"确定"按钮，那么在 E 盘的目录下找到数据文件夹，里面将会出现被保存的波形图文件（图1-16）。4 张 bmp 格式的波形图如图 4-9 所示。可以更换保存数据的文件路径，将波形直接保存到自己的 U 盘中。

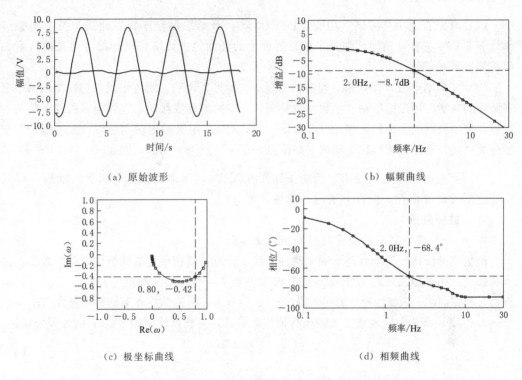

（a）原始波形　　　　　　　　　（b）幅频曲线

（c）极坐标曲线　　　　　　　　（d）相频曲线

图 4-9　被保存的波形图

（二）利用实验设备完成典型二阶系统开环频率特性曲线绘制

（1）按照图 4-6 完成实验电路接线。

（2）打开电源单元 U1 和数据采集卡单元 U3 的电源开关。

（3）双击打开电脑桌面上的![图标]图标，运行"频率特性实验软件"。软件界面参见图 1-10。

（4）软件界面参数设置（图 1-11）：点击右上角"电路类型"选择"二阶 RC"，系统自动将各测量窗口量程设置为适合二阶电路的大小。"输出通道"选择默认的"I1，I2"。勾选"自定义测频范围"，将测频范围设定为 0.1～20Hz。勾选"幅值"，可以按默认值"8V"设置。勾选辅助显示"曲线"选项。

（5）点击右下角的"函数"功能图标![函数]，跳出"传递函数"对话框，将二阶系统

的开环传递函数 $G(s) = \dfrac{1}{(0.1s+1)(0.2s+1)} = \dfrac{1}{0.02s^2+0.3s+1}$ 输入对话框，点击"确定"按钮（图 1-14）。

（6）点击"幅频（波特图）"和"相频（波特图）"左下方的"测试效果"按钮，图中显示的波形（实际软件界面上生成的波形为黄色）就是二阶系统的开环幅频和相频仿真波形，方便与随后所绘制的实验波形进行比对，用以验证所绘制的实验波形的正确性。当实验波形与仿真波形完全重合时，说明实验波形正确，否则实验波形有误，需检查实验电路接线和元件参数设置。

（7）点击右上角"测试"功能按钮图标 ![测试]，开始绘制频率特性曲线。整个实验过程预计需要 30s 左右，期间请勿点击软件界面上的任何地方，最好鼠标都不要晃动，耐心等待实验过程的结束。

（8）实验结束后，在界面上勾选辅助显示"游标"选项，则各个频率特性曲线图中会出现游标的功能。用鼠标拖动"幅频（波特图）"中的游标线移动，选取幅频曲线上的某一频率点，显示该点的坐标值，例如（0.7Hz，−3.3dB）。用鼠标拖动"相频（波特图）"中的游标线移动，移至相频曲线上的同一频率点，显示该点的坐标值，例如（0.7Hz，−66.4°）。

（9）点击右下角的"导出"功能按钮图标 ![导出]，弹出"数据导出"对话框，可以将实验波形导出并保存。保存方法同一阶惯性环节。

六、数据分析

（一）一阶惯性环节的频率特性曲线数据分析

根据实验所得一阶惯性环节频率特性曲线，计算一阶惯性环节的惯性时间常数 T。计算方法如下：用游标线在对数相频曲线上选取一点 k，读取其坐标值 $[f_k, \varphi(\omega_k)]$，$\omega_k = 2\pi f_k$。根据前述一阶惯性环节的频率特性公式（4-2），一阶惯性环节的相频特性为 $\varphi(\omega) = -\arctan \omega T$。将选取的频率点 k 的坐标值代入公式，可得惯性时间常数 T 的计算公式：

$$T = -\frac{\tan\varphi(\omega_k)}{\omega_k} \tag{4-7}$$

（二）典型二阶系统的频率特性曲线数据分析

根据实验所得典型二阶系统的频率特性曲线，计算二阶系统开环传递函数中的 2 个惯性时间常数 T_1 和 T_2。计算方法如下：用游标线在对数幅频曲线上选取一点 k，读取其坐标值 $[f_k, L(\omega_k)]$，$\omega_k = 2\pi f_k$；在对数相频曲线上选取与幅频曲线上选取的点 k 的频率相同的点，读取其坐标值 $[f_k, \varphi(\omega_k)]$。根据前述典型二阶系统的开环传递函数表达式（4-3），可知

$$\begin{cases} T^2 = T_1 T_2 \\ 2\zeta T = T_1 + T_2 \end{cases} \tag{4-8}$$

由前述典型二阶系统的开环频率特性公式（4-4），可知

$$A(\omega) = \frac{K}{\sqrt{(1-T^2\omega^2)^2 + (2\zeta T\omega)^2}} \tag{4-9}$$

$$\varphi(\omega) = -\arctan\frac{2\zeta T\omega}{1-T^2\omega^2} \tag{4-10}$$

要想计算惯性时间常数 T_1 和 T_2，只需计算求得 T^2 和 $2\zeta T$ 的数值。推导过程如下：

$$A(\omega) = \frac{K}{\sqrt{(1-T^2\omega^2)^2 + (2\zeta T\omega)^2}} = \frac{K}{2\zeta T\omega\sqrt{1+\left(\frac{1-T^2\omega^2}{2\zeta T\omega}\right)^2}} = \frac{K}{2\zeta T\omega\sqrt{1+\frac{1}{\tan^2\varphi(\omega)}}}$$

$$(4-11)$$

则有

$$2\zeta T = \frac{K}{\omega A(\omega)\sqrt{1+\frac{1}{\tan^2\varphi(\omega)}}} \qquad (4-12)$$

将选取频率点 k 的坐标值 $[f_k,\ L(\omega_k)]$ 和 $[f_k,\ \varphi(\omega_k)]$ 代入 $2\zeta T$ 的计算公式，其中，$\omega_k = 2\pi f_k$，$A(\omega_k) = 10^{\frac{L(\omega_k)}{20}}$，则有

$$2\zeta T = \frac{K}{\omega_k A(\omega_k)\sqrt{1+\frac{1}{\tan^2\varphi(\omega_k)}}} \qquad (4-13)$$

根据相频特性公式（4-10），可知

$$T^2 = \frac{1}{\omega^2} + \frac{2\zeta T}{\omega\tan\varphi(\omega)} \qquad (4-14)$$

将选取频率点 k 的坐标值代入可得

$$T^2 = \frac{1}{\omega_k^2} + \frac{2\zeta T}{\omega_k\tan\varphi(\omega_k)} \qquad (4-15)$$

根据以上求得的 T^2 和 $2\zeta T$ 的数值，按照式（4-8），即可计算惯性时间常数 T_1 和 T_2。

七、实验报告

做实验之前，需要先进行预习，撰写实验报告的以下 4 个部分的内容。

（1）实验目的。

（2）实验内容。

（3）实验原理。

（4）实验电路。

实验完成后，总结分析实验过程和结果，撰写实验报告的剩余 2 个部分，包括：

（5）实验结果：

1）实验波形。

2）数据分析。

（6）实验体会。

第二节　MATLAB 仿真环境下的实验

一、实验目的

（1）利用 MATLAB 绘制系统的频率特性图。

（2）根据 Nyquist 图判断系统的稳定性。

（3）根据伯德图计算系统的稳定裕度。

二、实验任务

利用 MATLAB 绘制系统的频率特性图，是指绘制 Nyquist 图、伯德图，所用到的函数主要是 nyquist、ngrid、bode 和 margin 等。

（一）Nyquist 图的绘制及稳定性判断

nyquist 函数可以计算连续线性定常系统的频率响应，当命令中不包含左端变量时，仅产生 Nyquist 图。

命令 nyquist（num，den）将画出下列传递函数的 Nyquist 图：

$$GH(s)=\frac{b_m s^m + b_{m-1}s^{m-1}+\cdots+b_1 s+b_0}{a_n s^n + a_{n-1}s^{n-1}+\cdots+a_1 s+a_0} \qquad (4-16)$$

其中 num＝$[b_m, b_{m-1}, \cdots, b_1, b_0]$，den＝$[a_n, a_{n-1}, \cdots, a_1, a_0]$。

例题1：已知某控制系统的开环传递函数为 $G(s)=\dfrac{50}{(s+5)(s-2)}$ ，用 MATLAB 绘制系统的 Nyquist 图，并判断系统的稳定性。

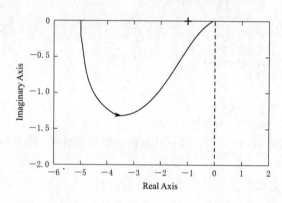

图 4-10　系统的 Nyquist 图（例题1）

MATLAB 程序代码如下：

```
num = [50]
den = [1,3,-10]
nyquist(num,den)
axis([-6 2 -2 0])
title('Nyquist 图')
```

执行该程序后，系统的 Nyquist 图如图 4-10 所示。

由图 4-10 可知，Nyquist 曲线逆时针包围（-1，j0）点半圈，而开环系统在右半平面有一个极点，故系统稳定。

任务1：已知系统的开环传递函数为 $G(s)=\dfrac{100k}{s(s+5)(s+10)}$ ，用 MATLAB 分别绘制 $k=1$、8、20 时系统的 Nyquist 图，并判断系统的稳定性。

（二）伯德图的绘制及稳定裕度的计算

MATLAB 提供绘制系统伯德图的 bode 函数，命令 bode（num，den）绘制以多项式形式传递函数表示的系统伯德图。

例题2：已知典型二阶系统的传递函数为 $G(s)=\dfrac{\omega_n^2}{s^2+2\zeta\omega_n s+\omega_n^2}$ ，其中 $\omega_n=0.7$，分别绘制 $\zeta=0.1$、0.4、1、1.6、2 时的伯德图。

MATLAB 程序代码如下：

```
w = logspace(-2,2,200)
wn = 0.7
tou = [0.1,0.4,1,1.6,2]
```

```
for j = 1 : 5
sys = tf([wn * wn],[1,2 * tou(j) * wn,wn * wn])
bode(sys,w)
hold on
end
gtext('tou = 0. 1')
gtext('tou = 0. 4')
gtext('tou = 1')
gtext('tou = 1. 6')
gtext('tou = 2')
```

执行该程序后，典型二阶系统的伯德图如图 4 - 11 所示。

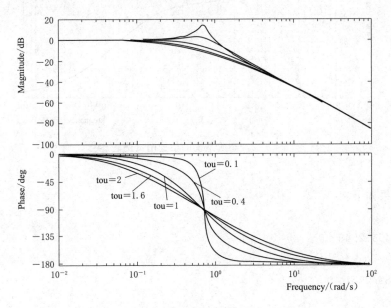

图 4 - 11 典型二阶系统的伯德图（例题 2）

例题 3：已知某高阶系统的传递函数为 $G(s) = \dfrac{5(0.0167s + 1)}{s(0.03s + 1)(0.0025s + 1)(0.001s + 1)}$，绘制系统的伯德图，并计算系统的相角裕度和幅值裕度。

MATLAB 程序代码如下：

```
num = 5 * [0. 0167,1]
den = conv(conv([1,0],[0. 03,1]),conv([0. 0025,1],[0. 001,1]))
sys = tf(num,den)
w = logspace(0,4,50)
bode(sys,w)
```

```
grid
[Gm,Pm,Wg,Wc] = margin(sys)
```
执行该程序后，系统的伯德图如图 4 - 12 所示。

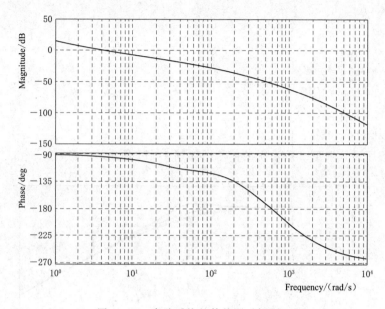

图 4 - 12　高阶系统的伯德图（例题 3）

运行结果如下：

　　Gm =

　　　455.2548

　　Pm =

　　　85.2751

　　Wg =

　　　602.4232

　　Wc =

　　　4.9620

由运行结果可知，系统的幅值裕度 $L_g = 455.2548$，相角裕度 $\gamma = 85.2751°$，相角穿越频率 $\omega_g = 602.4262$ rad/s，截止频率 $\omega_c = 4.962$ rad/s。

任务 2：已知某高阶系统的传递函数为 $G(s) = \dfrac{100(0.5s + 1)}{s(s+1)(0.1s+1)(0.05s+1)}$，绘制系统的伯德图，并计算系统的相角裕度和幅值裕度。

三、实验报告

做实验之前，需要先进行预习，撰写实验报告的以下 2 个部分的内容：

（1）实验目的。

（2）实验任务。

实验完成后，总结分析实验过程和结果，撰写实验报告的剩余 3 个部分，包括：

（3）实验结果（程序代码、结果图、结论和运行结果）。

（4）讨论系统增益变化对系统稳定性的影响。

（5）实验体会。

第五章　线性系统串联校正

第一节　模拟电路平台下的实验

一、实验目的

（1）熟悉串联校正装置对线性系统稳定性和动态特性的影响。

（2）掌握串联校正装置的设计方法和参数调试技术。

二、实验内容

（1）观测未校正系统的稳定性和动态特性。

（2）按动态特性要求设计串联校正装置。

（3）观测加串联校正装置后系统的稳定性和动态特性，并观测校正装置参数改变对系统性能的影响。

三、实验原理[2]

对于初步设计的自动控制系统，通常其性能指标达不到要求的指标，这就需要进一步改善系统的性能，其中一种改善方式就是在系统中增加校正装置。校正装置在系统中的连接方式称为校正方式。常用的校正方式有串联校正、反馈校正、前馈校正和复合校正4种。串联校正是指将校正装置串联在原系统的前向通道中，如图5-1所示。

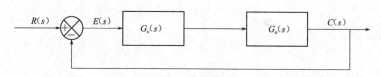

图 5-1　串联校正

图 5-1 中，$G_c(s)$ 表示校正装置的传递函数，$G_o(s)$ 表示系统原来前向通道的传递函数。当 $a > 1$ 时，$G_c(s) = \dfrac{1 + aTs}{1 + Ts}$，为串联超前校正；当 $a < 1$ 时，$G_c(s) = \dfrac{1 + aTs}{1 + Ts}$，为串联滞后校正。

典型二阶系统的传递函数结构图如图 5-2 所示，校正前的系统阶跃响应曲线形式如图 5-3（a）所示，可以发现曲线的超调量 $\sigma_p\%$ 较大，调节时间 t_s 较长，系统性能较差。在系统的前向通道中加入串联校正装置 $G_c(s) = \dfrac{1 + aTs}{1 + Ts}$，则系统结构如图 5-4 所示。预期的校正后的系统阶跃响应曲线形式如图 5-3（b）所示。

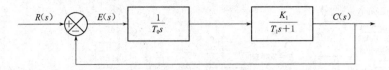

图 5-2　典型二阶系统的传递函数结构图

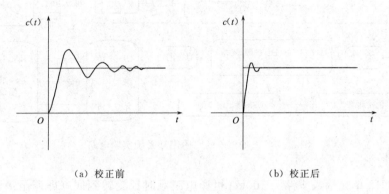

(a) 校正前　　　　　　　　　　　(b) 校正后

图 5-3　校正前后的阶跃响应曲线形式

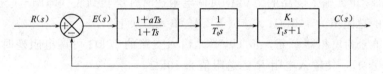

图 5-4　加入串联校正后的系统传递函数结构图

四、实验电路

(一) 未加校正的二阶闭环系统实验电路

本次实验中，未加校正的二阶闭环系统传递函数结构图和实验电路分别如图 5-5 和图 5-6 所示。电路参数取 $R_0 = 200\text{k}\Omega$，$R_f = 200\text{k}\Omega$，$R_1 = 200\text{k}\Omega$，$R_2 = 100\text{k}\Omega$，$C_1 = 1\mu\text{F}$，$C_2 = 1\mu\text{F}$，$R = 10\text{k}\Omega$。

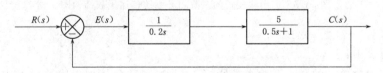

图 5-5　未加校正的二阶闭环系统传递函数结构图

接线注意事项：

(1) 所有运放单元的"＋"输入端所接 100kΩ、10kΩ 接地电阻均已经内部接好，实验时不需要外接。

(2) 将 U9 单元两个输入支路的 100kΩ 可调电阻均顺时针旋转到底（即调至最大100kΩ），使电阻 R_0、R_f 均为 200kΩ。

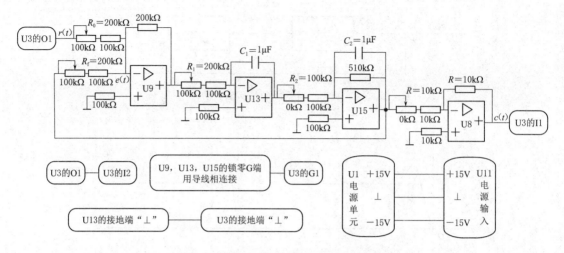

图 5-6　未加校正的二阶闭环系统实验电路

（3）将 U13 单元输入支路的 100kΩ 可调电阻顺时针旋转到底（即调至最大 100kΩ），使输入电阻 R_1 的总阻值为 200kΩ；C_1 在 U13 单元模块上。

（4）将 U15 单元输入支路的 100kΩ 可调电阻逆时针旋转到底（即调至最小 0kΩ），使输入电阻 R_2 的总阻值为 100kΩ；C_2 位于 U15 单元模块上。

（5）U8 单元为反相器单元，将 U8 单元输入支路的 10kΩ 可调电阻逆时针旋转到底（即调至最小 0kΩ），使输入电阻 R 的总阻值为 10kΩ。

（二）加串联校正的三阶闭环系统实验电路

本次实验中，加串联校正的三阶闭环系统传递函数结构图和实验电路分别如图 5-7 和图 5-8 所示。

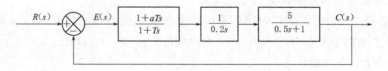

图 5-7　加串联校正的三阶闭环系统传递函数结构图

接线注意事项：

（1）所有运放单元的"＋"输入端所接 100kΩ、10kΩ 接地电阻均已经内部接好，实验时不需要外接。

（2）将 U9 单元两个输入支路的 100kΩ 可调电阻均顺时针旋转到底（即调至最大 100kΩ），使电阻 R_0、R_f 均为 200kΩ。

（3）电阻 R_1、R_2，电容 C_1 均取自元器件单元 U4。

（4）将 U13 单元输入支路的 100kΩ 可调电阻顺时针旋转到底（即调至最大 100kΩ），使输入电阻 R_3 的总阻值为 200kΩ；电容 $C_2=1\mu F$ 在 U13 单元模块上。

（5）将 U15 单元输入支路的 100kΩ 可调电阻逆时针旋转到底（即调至最小 0kΩ），使

输入电阻 R_4 的总阻值为 $100\mathrm{k}\Omega$；电容 $C_3=1\mu\mathrm{F}$ 位于 U15 单元模块上。

（6）U8 单元为反相器单元，将 U8 单元输入支路的 $10\mathrm{k}\Omega$ 可调电阻逆时针旋转到底（即调至最小 $0\mathrm{k}\Omega$），使输入电阻 R 的总阻值为 $10\mathrm{k}\Omega$。

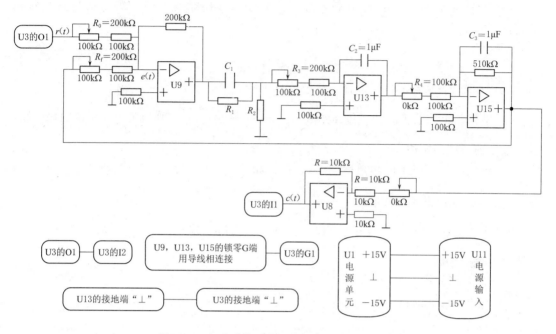

图 5-8　加串联校正的三阶闭环系统实验电路

五、设计任务

图 5-5 和图 5-6 所示二阶闭环系统的开环传递函数为

$$G(s)=\frac{5}{0.2s(0.5s+1)}=\frac{25}{s(0.5s+1)} \tag{5-1}$$

其闭环传递函数为

$$W(s)=\frac{G(s)}{1+G(s)}=\frac{50}{s^2+2s+50}=\frac{\omega_{\mathrm{n}}^2}{s^2+2\zeta\omega_{\mathrm{n}}s+\omega_{\mathrm{n}}^2} \tag{5-2}$$

其中 $\omega_{\mathrm{n}}=\sqrt{50}\approx7.07$，$\zeta=1/\omega_{\mathrm{n}}\approx0.141$。

故未加校正时系统的超调量为 $\sigma_{\mathrm{p}}\%=\mathrm{e}^{-\frac{\pi\zeta}{\sqrt{1-\zeta^2}}}\times100\%=63\%$，调节时间为 $t_{\mathrm{s}}\approx\dfrac{3}{\zeta\omega_{\mathrm{n}}}=$ $3\mathrm{s}$。可以看出，系统的超调量很大，调节时间较长，系统性能较差。

设计任务：针对如上所述二阶闭环系统的开环传递函数 $G(s)=\dfrac{25}{s(0.5s+1)}$，拟采用超前无源网络对系统性能进行串联校正，使校正后的系统性能指标满足如下要求：①超调量 $\sigma_{\mathrm{p}}\%\leqslant25\%$；②调节时间 $t_{\mathrm{s}}\leqslant1\mathrm{s}$。请采用频率法设计串联超前校正环节的传递函数 $G_{\mathrm{c}}(s)=\dfrac{1+aTs}{1+Ts}$ 和网络的 RC 元件取值（给定 $C_1=1\mu\mathrm{F}$），然后按照图 5-6 和图 5-8 搭建实验电路对设计结果的可行性和合理性予以验证。

设计步骤提示：

（1）步骤1：将时域指标 $\sigma_p \%$ 转换成频域指标 $\gamma^{*[2]}$。

由于加入串联超前校正环节后系统由二阶变为三阶系统，因此采用高阶系统转换公式：

$$\sigma_p = 0.16 + 0.4\left(\frac{1}{\sin\gamma^*} - 1\right) \tag{5-3}$$

（2）步骤2：采用频率法设计串联超前校正环节参数 a 和 $T^{[2]}$。

1）根据校正前系统的开环传递函数 $G(s) = \dfrac{25}{s(0.5s+1)}$，画出校正前系统的伯德图，计算校正前系统的幅值穿越频率 ω_c 和相角裕度 γ。

2）根据校正后要求的相角裕度 γ^*，确定超前校正网络的最大超前相角 $\varphi_m = \gamma^* - \gamma + \Delta$，然后设计校正环节参数 $a = \dfrac{1 + \sin\varphi_m}{1 - \sin\varphi_m}$。

3）利用 $L(\omega'_c) = -10\lg a$ 计算校正后系统的幅值穿越频率 ω'_c，然后设计校正环节参数 $T = \dfrac{1}{\omega'_c \sqrt{a}}$。

4）写出串联超前校正环节的传递函数 $G_c(s) = \dfrac{1 + aTs}{1 + Ts}$。

（3）步骤3：校验校正后的系统性能指标是否满足设计要求[2]。如果满足要求则继续步骤4，如果不满足要求则重新选取 γ^* 和 Δ 的取值重新进行设计。

1）写出校正后系统的开环传递函数为 $G'(s) = G_c(s)G(s)$。

2）计算校正后系统的相角裕度 γ'。

3）校验校正后系统的超调量指标 $\sigma_p \%$ 是否满足 $\sigma_p \% \leqslant 25\%$。

$$\sigma_p = 0.16 + 0.4\left(\frac{1}{\sin\gamma'} - 1\right) \tag{5-4}$$

4）校验校正后系统的调节时间指标 t_s 是否满足 $t_s \leqslant 1\mathrm{s}$。

$$t_s = \frac{k_1 \pi}{\omega'_c} \tag{5-5}$$

其中 $k_1 = 2 + 1.5\left(\dfrac{1}{\sin\gamma'} - 1\right) + 2.5\left(\dfrac{1}{\sin\gamma'} - 1\right)^2$

（4）步骤4：已知电容 $C_1 = 1\mu\mathrm{F}$，根据参数 a 和 T，计算无源超前网络中电阻 R_1 和 R_2 的取值[2]。

$$\begin{cases} a = \dfrac{R_1 + R_2}{R_2} \\ T = \dfrac{R_1 R_2}{R_1 + R_2} C_1 \end{cases} \tag{5-6}$$

（5）步骤5：根据实验台上元器件单元 U4 中给出的电阻元件阻值和 R_1、R_2 的阻值计算结果，近似选取电阻 R_1 和 R_2 的实验电路阻值。

六、实验步骤

(1) 按照图 5-6 和图 5-8 完成实验电路接线。

(2) 打开电源单元 U1 和数据采集卡单元 U3 的电源开关。

(3) 双击打开电脑桌面上的"时域示波器"图标，运行"时域特性实验软件"（图 1-2）。

(4) 鼠标左键点击软件界面左上方的 图标来运行软件程序（图 1-8），然后鼠标左键点击软件界面右下方的 启动/暂停 按钮来启动软件，此时，有波形曲线在波形窗口界面滚动显示。

(5) 软件界面的参数设置如下（图 1-3～图 1-6）：

测试信号 1：阶跃	幅值 1：2V
偏移 1：0	占空比 1：90
频率周期：0.1Hz/10s	四组 A/D 通道选择：I1，I2 通道
波形窗口下方的时间挡位：2s	显示模式：X-t 模式

注意：幅值、占空比、频率/周期 3 项参数的取值可以根据波形的实际情况进行修改。

参数设置完成后，观察波形窗口界面滚动显示的阶跃响应波形曲线。根据波形显示缩放的需要，可以调整通道"I1，I2"的纵轴电压挡位"V/DIV1""V/DIV2"和横轴时间挡位"T/DIV"（图 1-7）。需要注意的是，通道"I1，I2"的纵轴电压挡位"V/DIV1""V/DIV2"必须选用同一个挡位值，目的是保证通道"I1，I2"的波形，也就是输入、输出波形，在同一电压基准值上进行比较。

(6) 鼠标左键点击软件界面右下方的 启动/暂停 按钮来暂停软件，拖动波形窗口界面右下方的滑动块，选取合适的波形段。在波形窗口中单击鼠标右键，在下拉菜单中选择"导出简化图像"，然后在弹出的窗口中点击选择"位图""保存至文件"和"隐藏网格"，点击右边的文件夹图标 将保存路径更改为 U 盘，并给波形图片命名，点击确认后就可将波形保存在 U 盘中。

(7) 在整个实验过程中，软件可用 启动/暂停 按钮来控制启停，连续使用。所有实验操作完成后，鼠标左键点击软件界面右下方的 退出 图标，软件退出运行。

(8) 鼠标左键点击软件界面右上方的 图标，关闭程序软件。

说明：如果实验过程中出现问题，需要退出并关闭软件，然后重新打开软件界面进行操作。

七、实验报告

做实验之前，需要先进行预习，撰写实验报告的以下 5 个部分的内容：

(1) 实验目的。

(2) 实验内容。

(3) 实验原理。

(4) 实验电路。

（5）设计任务和设计过程。

实验完成后，总结分析实验过程和结果，撰写实验报告的剩余 2 个部分，包括：

（6）实验结果：

1）实验波形。

2）结果分析。

（7）实验体会。

第二节　MATLAB 仿真环境下的实验

一、实验目的

（1）认识串联校正环节对系统稳定性的影响。

（2）学习使用 SISO 设计工具（SISO Design Tool）进行系统设计。

二、SISO 设计工具介绍

串联校正是指校正元件与系统的原来部分串联，如图 5-1 所示。$G_c(s)$ 表示校正部分（也称补偿器）的传递函数，$G_o(s)$ 表示系统原来前向通道的传递函数。当 $G_c(s)=\dfrac{1+aTs}{1+Ts}(a>1)$，为串联超前校正；当 $G_c(s)=\dfrac{1+aTs}{1+Ts}(a<1)$，为串联滞后校正。我们可以使用 SISO 设计工具来设计串联校正环节（补偿器）$G_c(s)$ 的参数 a 和 T。

SISO 设计工具是用于单输入单输出反馈控制系统补偿器设计的图形化设计环境。通过该工具，用户可以快速完成以下工作：利用根轨迹方法计算系统的闭环特性、针对开环系统伯德图的系统设计、添加补偿器的零极点、设计超前/滞后网络和滤波器、分析闭环系统响应、调整系统幅值或相角裕度等。SISO 设计工具的基本构成和操作如下。

（一）打开 SISO 设计工具

在 MATLAB 命令窗口中输入"sisotool"命令，可以打开一个空的 SISO Design Tool，也可以在"sisotool"命令的输入参数中指定 SISO Design Tool 启动时缺省打开的模型。注意先在 MATLAB 的当前工作空间中定义好该模型。如图 5-9 为一个 SISO 的图形设计环境界面。

（二）将模型载入 SISO 设计工具

通过"file/import"命令，可以将所要研究的模型载入 SISO 设计工具中。点击该菜单项后，将弹出"Import System Data"对话框，如图 5-10 所示。

（三）当前的补偿器（Current Compensator）

图 5-9 中当前的补偿器（Current Compensator）一栏显示的是目前设计的系统补偿器的结构。缺省的补偿器增益是一个没有任何动态属性的单位增益，一旦在根轨迹图和伯德图中添加零极点或移动曲线，该栏将自动显示补偿器结构。

（四）反馈控制结构

SISO Design Tool 在缺省条件下将补偿器放在系统的前向通道中，用户可以通过"＋/－"按钮选择正负反馈，通过"FS"按钮在如图 5-11 所示的 4 种反馈控制结构之间进行切换。

第五章 线性系统串联校正

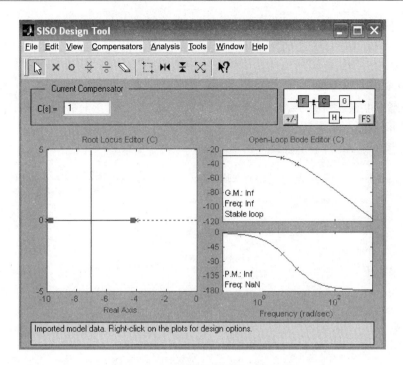

图 5 – 9　SISO 的图形设计环境界面

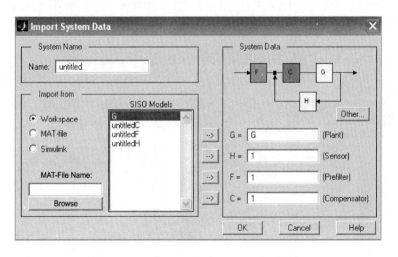

图 5 – 10　"Import System Data" 对话框

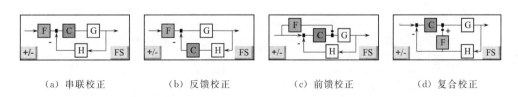

（a）串联校正　　　（b）反馈校正　　　（c）前馈校正　　　（d）复合校正

图 5 – 11　SISO Design Tool 中的 4 种反馈控制结构

三、设计任务

例题 1：在图 5 - 1 所示的串联校正控制系统中，前向通道的原开环传递函数为 $G_o(s) = \dfrac{2}{s(0.1s+1)(0.3s+1)}$，试用 SISO 设计工具设计串联超前校正环节，使其校正后系统的静态速度误差系数 $K_v \leqslant 6$，相角裕度为 $45°$，绘制校正前后的伯德图，并计算校正前后的相角裕度。

1. 将模型载入 SISO 设计工具

在 MATLAB 命令窗口先定义好模型 $G_o(s) = \dfrac{2}{s(0.1s+1)(0.3s+1)}$，代码如下：

num = 2

den = conv([0.1,1,0],[0.3,1])

G = tf(num,den)

得到结果如下：

Transfer function：

$$\frac{2}{0.03s^3 + 0.4s^2 + s}$$

在 MATLAB 命令窗口输入"sisotool"命令，可以打开一个空的 SISO Design Tool，通过"file/import"命令，可以将模型 G 载入 SISO 设计工具中，如图 5 - 12 所示。

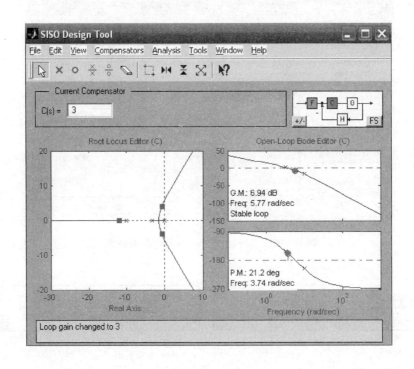

图 5 - 12　载入模型 G 并改变补偿器增益后的 SISO 设计界面（例题 1）

2. 调整增益

题目中要求系统的静态速度误差系数 $K_v \leqslant 6$，补偿器的增益应为 3，在图 5－12 中将 $C(s)=1$ 改为 $C(s)=3$，从图中相频伯德图左下角可以看出相角裕度为 $21.2°$，不满足题目中对相角裕度的设计要求。

3. 加入超前校正网络

在开环伯德图中点击鼠标右键，选择"Add Pole/Zero"下的"Lead"菜单，该命令将在控制器中添加一个超前校正网络。这时鼠标的光标将变成"×"形状，将鼠标移到幅频伯德图曲线上接近最右端极点的位置，按下鼠标，得到如图 5－13 所示的 SISO 设计界面。从图 5－13 中相频伯德图左下角可以看出相角裕度为 $28.4°$，仍不满足题目中对相角裕度的设计要求，需进一步调整超前环节的参数。

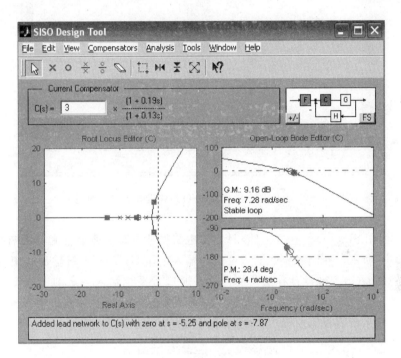

图 5－13　加入超前校正网络后的 SISO 设计界面（例题 1）

4. 调整超前校正网络的零极点

将超前校正网络的零点移动到靠近原来最左边的极点位置，接下来将超前校正网络的极点向右移动，并注意移动过程中相角裕度的增长，一直到相角裕度达到 $45°$，此时超前校正网络满足设计要求，如图 5－14 所示。从图 5－14 中可以看出，超前校正网络的传递函数为 $G_c(s)=\dfrac{3(1+0.26s)}{1+0.054s}$，最后系统的 $K_v=6$，$\gamma=45.9°$。

任务 1：在图 5－1 所示的串联校正控制系统中，前向通道的原开环传递函数为 $G_o(s)=\dfrac{2}{s(0.2s+1)}$，试用 SISO 设计工具设计超前校正环节，使其校正后系统的静态速

度误差系数 $K_v \leqslant 100$，相角裕度为 $30°$，绘制校正前后的伯德图，并计算校正前后的相角裕度。

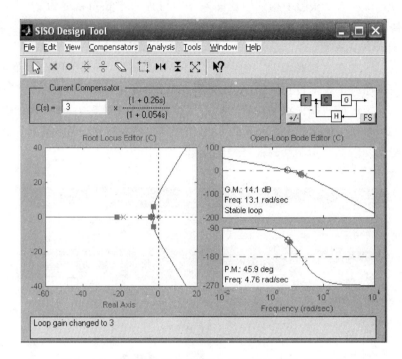

图 5-14　满足设计要求的 SISO 最终设计界面（例题1）

任务2：使用 SISO Design Tool 设计直流电机调速系统。典型直流电机调速系统结构示意如图5-15所示，控制系统的输入变量为输入电压 $U_a(t)$，系统输出是电机负载条件下的转动角速度 $\omega(t)$。现设计补偿器的目的是通过对系统输入一定的电压，使电机带动负载以期望的角速度转动，并要求系统具有一定的稳定裕度。直流电机动态模型本质上可以视为典型二阶系统，设某直流电机的传递函数为

$$G(s) = \frac{1.5}{s^2 + 14s + 40.02} \qquad (5-7)$$

系统的设计指标为：上升时间 $t_r < 0.5s$，稳态误差 $e_{ss} < 5\%$，最大超调量 $\sigma_p\% < 10\%$，幅值裕度 $L_g > 20dB$，相角裕度 $\gamma > 40°$。

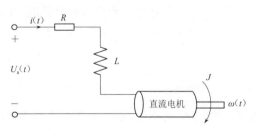

图 5-15　典型直流电机调速系统结构示意

设计步骤提示：

1. 调整补偿器的增益

如果对该系统进行时域仿真，可发现其阶跃响应时间很大，提高系统响应速度的最简单方法就是增加补偿器增益的大小。在 SISO 设计工具中可以很方便地实现补偿器增益的调节：鼠标移动到幅频伯德图曲线上，按下鼠标左键抓取幅频伯德图曲线，向上拖

动，释放鼠标，SISO 自动计算改变的系统增益和极点。

既然系统要求上升时间 $t_r < 0.5\mathrm{s}$，应调整系统增益，使得系统的穿越频率 ω_c 位于 3rad/s 附近。这是因为 3rad/s 的频率位置近似对应于 0.33s 的上升时间。

为了更清楚地查找系统的穿越频率，点击鼠标右键，在快捷菜单中选择"Grid"命令，将在伯德图中出现网格线。

点击 SISO Design Tool 设计界面的"Analysis"菜单，在下拉菜单中选择"Response to Step Command"项，可以观察系统的阶跃响应曲线，可以看到系统的稳态误差和上升时间已得到改善，但要满足所有的设计指标，还应加入更复杂的控制器。

2. 加入积分器

点击鼠标右键，在弹出的快捷菜单中选择"Add Pole/Zero"下的"Integrator"菜单，这时系统将加入一个积分器，系统的穿越频率随之改变，应调整补偿器的增益将穿越频率调整回 3rad/s 的位置。

3. 加入超前校正网络

为了添加一个超前校正网络，在开环伯德图中点击鼠标右键，选择"Add Pole/Zero"下的"Lead"菜单，该命令将在控制器中添加一个超前校正网络。这时鼠标的光标将变成"×"形状，将鼠标移到幅频伯德图曲线上接近最右端极点的位置按下鼠标。从伯德图中可以看出幅值裕度未达到要求，还需进一步调整超前校正环节的参数。

4. 移动补偿器的零极点

为了提高系统的响应速度，将超前校正网络的零点移动到靠近电机原来最左边的极点位置，接下来将超前校正网络的极点向右移动，并注意移动过程中幅值裕度的增长，也可以通过调节增益来增加系统的幅值裕度。

按照上述方法调整超前校正网络的参数和增益，最终满足设计的要求。

四、实验报告

做实验之前，需要先进行预习，撰写实验报告的以下 2 个部分的内容：

（1）实验目的。

（2）设计任务。

实验完成后，总结分析实验过程和结果，撰写实验报告的剩余 2 个部分，包括：

（3）设计过程和结果。

1）模型程序代码。

2）设计过程主要步骤和界面图。

3）设计得到的补偿器的传递函数。

4）校正前后的伯德图及相角裕度。

5）直流电机调速系统的阶跃响应曲线和性能指标计算。

（4）设计体会。

第六章 有刷直流电机速度闭环设计及实物调试

第一节 软 件 仿 真

一、设计任务[3]

（1）运用自动控制原理知识，设计直流电机调速系统的结构框图。

（2）根据直流伺服电机的物理模型，建立其数学模型，拉普拉斯变换后得到电机的开环传递函数。

（3）采用 MATLAB/Simulink 建立电机的开环仿真模型，仿真得到开环的阶跃响应曲线，观察分析电机转速的阶跃响应特性。

（4）根据直流电机调速系统的结构框图，加入比例积分微分（PID）控制器，采用 MATLAB/Simulink 建立调速系统的闭环仿真模型，分步骤实现系统的 PID 校正，即分别进行比例（P）校正、比例积分（PI）校正和比例积分微分（PID）校正，调试设计出合适的 PID 控制器参数。

（5）分析闭环 PID 控制的直流电机调速系统的阶跃响应性能指标，要求设计后的电机调速系统满足如下性能指标：超调量 $0 \leqslant \sigma_p \% < 20\%$，调节时间 $t_s < 0.35\mathrm{s}$，稳态误差 $0 \leqslant e_{ss} < 2\%$。

二、设计指导[4-5]

（一）直流电机调速系统的结构框图

图 6-1 是一种最基本的直流电机调速系统的结构框图。由图 6-1 可见，要想实现对系统的软件仿真，必须知道四个单元的传递函数：控制器、功率放大单元、直流电机和转速测量单元。其中控制器传递函数因设计而异，可以选择 PI 或者 PID 等。转速测量单元和功率放大单元的传递函数可近似为比例系数。

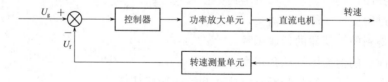

图 6-1 直流电机调速系统的结构框图

（二）直流电机的开环传递函数

图 6-2 是直流电机的物理模型。图中：u_a 为电枢电压；i_a 为电枢电流；R_a 为电枢电阻；L_a 为电枢电感；u_q 为感应电动势；T_g 为电机电磁转矩；J 为转动惯量；B 为黏

性阻尼系数；θ 为电机输出的转角。

根据基尔霍夫定律和牛顿第二定律，对图 6-2 所示直流电机列写如下基本方程：

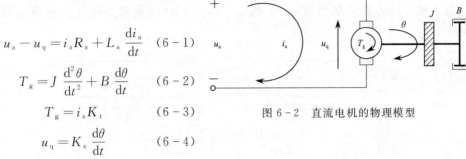

$$u_a - u_q = i_a R_a + L_a \frac{\mathrm{d}i_a}{\mathrm{d}t} \quad (6-1)$$

$$T_g = J \frac{\mathrm{d}^2\theta}{\mathrm{d}t^2} + B \frac{\mathrm{d}\theta}{\mathrm{d}t} \quad (6-2)$$

$$T_g = i_a K_t \quad (6-3)$$

图 6-2　直流电机的物理模型

$$u_q = K_e \frac{\mathrm{d}\theta}{\mathrm{d}t} \quad (6-4)$$

对式（6-1）～式（6-4）进行拉普拉斯变换，得

$$U_a(s) - U_q(s) = I_a(s)R_a + L_a s I_a(s) \quad (6-5)$$

$$T_g(s) = J s^2 \theta(s) + B s \theta(s) \quad (6-6)$$

$$T_g(s) = I_a(s) K_t \quad (6-7)$$

$$U_q(s) = K_e s \theta(s) \quad (6-8)$$

设 $\omega(s) = s\theta(s)$，则可得到如图 6-3 所示直流电机的开环传递函数方框图。

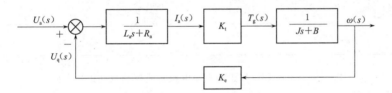

图 6-3　直流电机的开环传递函数方框图

消去式（6-5）～式（6-8）的中间变量，整理得直流电机的开环传递函数为

$$G(s) = \frac{\omega(s)}{U_a(s)} = \frac{K_t}{(L_a s + R_a)(J s + B) + K_t K_e} \quad (6-9)$$

给出 4 组直流电机参数供选用，见表 6-1。

表 6-1　　　　　　　　　　　直流电机参数

参　数	参　数　意　义	参数值 1	参数值 2	参数值 3	参数值 4
R_a/Ω	电枢电阻	3	2	4	5
L_a/H	电枢电感	0.07	0.05	0.08	0.09
$J/(\mathrm{kg \cdot m^2/s^2})$	转动惯量	0.007	0.005	0.003	0.004
$K_t/(\mathrm{N \cdot m/A})$	转矩常数	0.4	0.2	0.3	0.5
$K_e/(\mathrm{V \cdot s/rad})$	感应电动势常数				
B/Nms	黏性阻尼系数	1.67×10^{-5}	1.75×10^{-5}	3.51×10^{-5}	2.53×10^{-5}

（三）Simulink 仿真模型的构建

可借助 Simulink 搭建系统的仿真模型，先对系统进行开环分析，得出相关结论，然后引入 PID 校正的闭环控制系统，设计整定 PID 控制器的参数。对应表 6-1 中参数值 2 的直流电机开环仿真模型如图 6-4 所示，加入 PID 控制器的闭环仿真模型如图 6-5 所示。

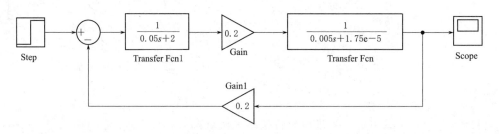

图 6-4　直流电机开环仿真模型

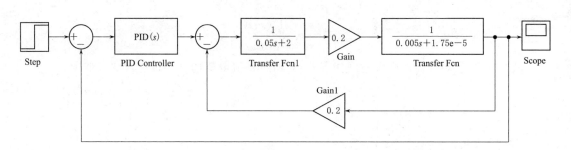

图 6-5　闭环 PID 校正的直流电机转速控制系统仿真模型

第二节　硬　件　调　试

一、设计原理

图 6-6 为实验装置用直流电机调速系统结构框图，由给定电压 U_g、PID 控制器、驱动单元、直流电机、转速测量电路和输出电压反馈等几个部分组成。在参数给定的情况下，在 PID 调节器的补偿作用下，直流电机可以按给定的转速闭环稳定运转。

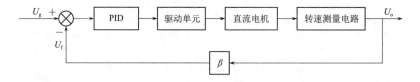

图 6-6　实验装置用直流电机调速系统结构框图

给定电压 U_g 由 ACCT-IV 型自动控制理论及计算机控制技术实验装置面板上的数据采集卡单元 U3 的 O1 提供，变化范围为 1～10V。

经 PID 控制器运算后产生的控制信号作为驱动单元的输入信号，经过功率放大后驱动直流电机运转。

转速测量电路单元将转速转换成电压信号，作为输出电压反馈通道的输入信号，构成闭环系统。它由转盘、光电转换和频率/电压（F/V）转换电路组成。由于转速测量的转盘为 60 齿，电机旋转一周，光电转换后输出 60 个脉冲信号，对于转速为 n 的电机来说，输出的脉冲频率为 $60n/\min$，用这个信号接入以秒作为计数单位的频率计时，频率计的读数即为电机的转速，所以转速测量输出的电压即为频率/电压转换电路的输出，这里的 F/V 转换率为 150Hz/V。

根据设计要求改变输出电压反馈系数 β，可以得到预设的反馈输出电压 $U_\mathrm{f}=\beta U_\mathrm{o}$。

二、硬件电路

在实际的工业自动控制系统中，通常 PI 控制器就能达到较好的控制效果。由于电路结构简单且造价相对较低，使用更为广泛和普遍，所以硬件调试部分设计了以 PI 控制器为核心的硬件电路，设计的硬件电路接线如图 6 - 7 所示。除了实际的模拟对象外，其余的模拟电路由 ACCT - Ⅳ 型自动控制理论及计算机控制技术实验装置面板上的线性运放单元和备用元器件搭建而成，除用 U15 单元搭建的 PI 控制器电路中的电容 C_1 和电阻 R_4 外，其余电路参数均已给定，而电阻 R_4 和电容 C_1 的取值则需要在实际的调试过程中，联系实际的控制对象进行参数的试凑，自行调试最优取值，以达到最佳的控制效果。

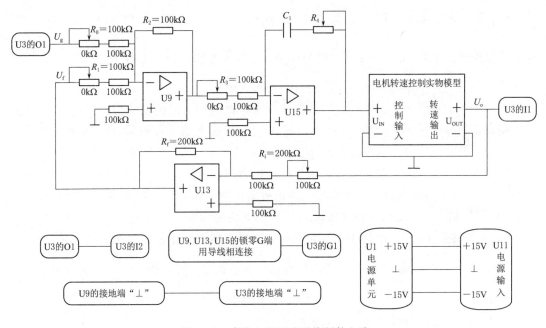

图 6 - 7　直流电机调速系统硬件电路

接线注意事项：

（1）所有运放单元"＋"输入端所接 100kΩ 接地电阻均已经内部接好，实验时不需要外接。

（2）将 U9 单元两条输入支路的 100kΩ 可调电阻均逆时针旋转到底（即调至最小 0kΩ），使输入电阻 R_0 和 R_1 的总阻值均为 100kΩ。

（3）将 U15 单元输入支路的 100kΩ 可调电阻逆时针旋转到底（即调至最小 0kΩ），使输入电阻 R_3 的总阻值为 100kΩ；C_1 根据需要从元件库单元 U4 中选取；R_4 接元件库单元 U4 中的 1MΩ 可调电阻。

（4）U13 单元作为反相器单元，将 U13 单元输入支路的 100kΩ 可调电阻顺时针旋转到底（即调至最大 100kΩ），使输入电阻 R_i 的总阻值为 200kΩ。

三、操作步骤

（1）先将 ACCT-Ⅳ型自动控制理论及计算机控制技术实验装置面板上的电源单元 U1 和数据采集卡单元 U3 以及 ACCT-O2 直流电机转速控制对象的电源船形开关均置于"OFF"状态。

（2）选取 ACCT-Ⅳ型自动控制理论及计算机控制技术实验装置面板上的三个线性运放单元 U9、U15 和 U13，按照图 6-7 的电路结构用导线进行连接。接线方法如下：

1）将 U9、U15 和 U13 单元的锁零端 G 用导线相连接，然后与数据采集卡单元 U3 的锁零端 G1 用导线连接起来。

2）将数据采集卡单元 U3 的"O1"输出端用导线接到图 6-7 中 U9 单元的给定输入端，作为给定电压信号 U_g。

3）用 U15 单元搭建 PI 控制器，比例系数 $K_P = \dfrac{R_4}{R_3}$，为了便于调节改变 R_4 的阻值，选取元器件单元 U4 中的 1MΩ 可变电阻作为 R_4 接入电路。积分系数 $K_I = \dfrac{1}{T_I} = \dfrac{1}{R_3 C_1}$，$C_1$ 根据实验需要从元件库单元 U4 中选取电容接入电路。

4）经 PI 控制器运算后产生的控制信号作为电机驱动电路的输入信号，即将 U15 单元的输出端用导线接到 ACCT-O2 电机转速模型面板上的"控制输入"的正极输入端（$U_{IN}+$，红色端口）。将"控制输入"的负极输入端（$U_{IN}-$，黑色端口）与"转速输出"的负极输出端（$U_{OUT}-$，黑色端口）用导线相连接，并用导线接到线性运放单元 U9 的接地端"⊥"。分别用导线将"转速输出"的正极输出端（$U_{OUT}+$，红色端口）接到数据采集卡单元 U3 的"I1"输入端和线性运放单元 U13 的输入端。

5）由于转速变换输出的电压 U_o 为正值，所以反馈回路中用线性运放单元 U13 搭建一个反馈系数 β 可调节的反相器作为电压反馈单元。调节反馈系数 $\beta = \dfrac{R_f}{R_i}$，从而调节输出的反馈电压 $U_f = \beta U_o$。用导线将 U13 单元的输出端接到 U9 单元的反馈输入端，从而将反馈电压信号 U_f 与给定电压信号 U_g 做负反馈叠加。

（3）连接好上述线路，全面检查线路后，先合上 ACCT-Ⅳ型自动控制理论及计算机控制技术实验装置面板上电源单元 U1 和数据采集卡单元 U3 的船形开关。双击打开电脑桌面上的"时域示波器"图标 ，运行"时域特性实验软件"，软件主界面参见图 1-2。

（4）用鼠标左键点击软件界面左上方的 图标，使软件进入运行状态（图 1-8）。

用鼠标左键点击软件界面右下方的 启动/暂停 按钮图标来启动软件。此时，有波形曲线在波形窗口滚动显示。

（5）在软件界面上完成实验参数设置，然后合上 ACCT-O2 直流电机转速控制对象的电源船形开关。在软件界面的波形窗口观察实验过程的动态波形，调整 PI 参数，使系统稳定，同时观测输出电压的变化情况。根据波形显示缩放的需要，可以调整通道 I1，I2 的纵轴电压挡位"V/DIV1""V/DIV2"和横轴时间挡位"T/DIV"（图1-7）。需要注意的是，通道 I1，I2 的纵轴电压挡位"V/DIV1""V/DIV2"必须选用同一个挡位值，目的是保证通道 I1，I2 的波形，也就是输入、输出波形，在同一电压基准值上进行比较。

（6）在闭环系统稳定的情况下，外加干扰信号，系统达到无静差。如达不到，则根据 PI 参数对系统性能的影响重新调节 PI 参数。

四、调试操作与记录分析

由图 6-7 可知，线性运放单元 U15 为 PI 控制器，则有比例系数 $K_P=\dfrac{R_4}{R_3}$，积分时间常数 $T_I=R_3C_1$，积分系数 $K_I=\dfrac{1}{T_I}=\dfrac{1}{R_3C_1}$。

（一）实验条件设定

软件界面参数设置如下：

测试信号1：阶跃　　　　　　　　幅值1：4V

偏移1：0　　　　　　　　　　　　占空比1%：70

频率/周期：0.2Hz/5s　　　　　四组 A/D 通道选择：I1，I2 通道

显示模式：X-t 模式　　　　　　时间挡位：500ms

电压挡位：2V　　　　　　　　　点击开启"1通道滤波"

注意：幅值、占空比、频率/周期、时间挡位、电压挡位的参数取值可以根据波形的实际情况进行修改。

（二）未加干扰时的电机转速闭环控制

1. 比例（P）校正

将图 6-7 中 U15 单元的电容 C_1 短接（也就是电路中不接入电容 C_1），用万用表测量可变电阻 R_4 的阻值，调节旋钮改变 R_4 的阻值。在软件界面启动实验，从 $R_4\approx50\text{k}\Omega$ 开始，按大约 $50\text{k}\Omega$ 的增量改变 R_4 的阻值，通过波形窗口观察不同 R_4 阻值也就是不同比例系数 $K_P=\dfrac{R_4}{R_3}$ 时电机转速输出波形的变化。保存实验波形，分析比例环节对控制系统性能的影响和比例环节的作用。对比实验波形，找到最优比例（P）校正控制波形，测量记录对应的 R_4 阻值为最优比例校正电阻值 R_{P-best}，计算最优比例系数 $K_{P-best}=\dfrac{R_{P-best}}{R_3}$。

2. 比例积分（PI）校正

取 R_4 阻值为比例（P）校正时的最优值 R_{P-best}，在软件界面启动实验，分别取 U15 单元的电容 $C_1=0.1\mu F$、$0.33\mu F$、$1\mu F$、$4.7\mu F$、$10\mu F$（从元器件单元 U4 中选取接入电

路），通过波形窗口观察不同电容取值也就是不同积分系数 $K_1 = \dfrac{1}{T_1} = \dfrac{1}{R_3 C_1}$ 时电机转速输出波形的变化。保存实验波形，分析积分环节对控制系统性能的影响。对比实验波形，找到最优比例积分（PI）校正控制波形，选取对应的 C_1 电容值为最优比例积分校正电容值 $C_{\text{PI-best}}$，并微调 R_4 阻值，进一步优化比例积分（PI）校正的最优控制波形，测量记录对应的 R_4 最优阻值 $R_{\text{PI-best}}$，计算最优比例系数 $K_{\text{P-best}} = \dfrac{R_{\text{PI-best}}}{R_3}$ 和积分系数 $K_{\text{I-best}} = \dfrac{1}{T_{\text{I-best}}} = \dfrac{1}{R_3 C_{\text{PI-best}}}$。对比比例（P）校正和比例积分（PI）校正的实验波形，分析加入积分环节的功能和作用。

（三）加入干扰后的电机转速闭环控制

PI 参数选用调试的最优值 $K_{\text{P-best}}$ 和 $K_{\text{I-best}}$。在软件界面启动实验，待电机转速稳定后，按如下两种方式分别施加两种扰动信号：

（1）快速增加给定阶跃信号的幅值（4V→5V）。

（2）快速减小给定阶跃信号的幅值（4V→3V）。

通过波形窗口观察给定电压 U_g 和电机转速输出 U_o 的波形变化，分析比例积分（PI）校正的抗干扰能力和动态跟踪能力。

五、设计结果分析

根据上述设计过程和结果，分析：①比例（P）环节和积分（I）环节对系统的动态性能和稳态性能的影响；②对比比例（P）校正和比例积分（PI）校正的控制效果，重点分析 PI 校正控制系统的特点。

第七章　温箱温度控制系统设计及实物调试

第一节　软　件　仿　真

一、设计任务[3]

（1）运用自动控制原理知识，设计温箱温度控制系统的结构框图。

（2）根据温箱温度的等效传递函数模型，建立温箱的开环传递函数。

（3）采用 MATLAB/Simulink 建立温箱的开环仿真模型，仿真得到开环的阶跃响应曲线，观察分析温箱温度的阶跃响应特性。

（4）根据温箱温度控制系统的结构框图，加入比例积分微分（PID）控制器，采用 MATLAB/Simulink 建立温箱温度控制系统的闭环仿真模型，分步骤实现系统的 PID 校正，即分别进行比例（P）校正、比例积分（PI）校正和比例积分微分（PID）校正，调试设计出合适的 PID 控制器参数。

（5）分析闭环 PID 控制的温箱温度控制系统的阶跃响应性能指标，要求设计后的温箱温度控制系统满足如下性能指标：超调量 $0 \leqslant \sigma_p \% < 15\%$，调节时间 $t_s < 135\mathrm{s}$，稳态误差 $0 \leqslant e_{ss} < 2\%$。

二、设计指导[6]

（一）温箱温度控制系统的结构框图

图 7-1 是一种最基本的温箱温度控制系统的结构框图。由于调节阀的传递函数可以等效成比例环节，测量变送环节也等效成比例环节，因此系统的传递函数大大简化。

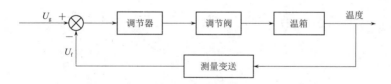

图 7-1　温箱温度控制系统的结构框图

（二）温箱的开环传递函数

由于温箱系统的输入和输出的变化规律与带延迟的一阶惯性环节的阶跃响应曲线相似，所以可以将温箱系统的开环传递函数模型结构等效成：

$$G(s) = \frac{K}{Ts+1} \mathrm{e}^{-\tau s} \qquad (7-1)$$

式中：K 为放大系数；T 为过程时间常数；τ 为纯滞后时间。

给出 4 组温箱系统参数供选用，见表 7－1。

表 7－1   温 箱 系 统 参 数

参数	参 数 意 义	参数值 1	参数值 2	参数值 3	参数值 4
K	放大系数	4.4	3.5	4	5
T/s	过程时间常数	340	280	300	360
τ/s	纯滞后时间	20	15	10	25

（三）Simulink 仿真模型的构建

可借助 Simulink 搭建系统的仿真模型，先对系统进行开环分析，得出相关结论，然后引入 PID 校正的闭环控制系统，设计整定 PID 控制器的参数。对应表 7－1 中参数值 2 的温箱开环仿真模型如图 7－2 所示，加入 PID 控制器的闭环仿真模型如图 7－3 所示。

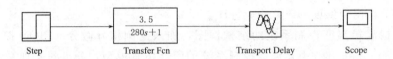

图 7－2 温箱开环仿真模型

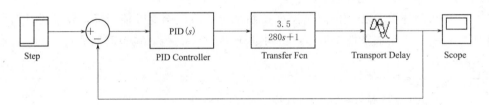

图 7－3 闭环 PID 校正的温箱温度控制系统仿真模型

第二节 硬 件 调 试

一、设计原理

实验装置用温箱温度控制系统结构框图如图 7－4 所示，由给定电压 U_g、PID 控制器、可控硅调制（使用全隔离单相交流调压模块）、加温室（采用经高速风扇吹出热风）、温度变送器（采用 PT100 热敏电阻，温度输入 0～100℃，直流电压输出 2～10V）和输出电压反馈等部分组成。在参数给定的情况下，经过 PID 运算产生相应的控制量，使加温室里的温度稳定在给定值。

给定电压 U_g 由 ACCT－Ⅳ 型自动控制理论及计算机控制技术实验装置面板上的数据采集卡单元 U3 的 O1 提供，变化范围为 1.3～10V。

PID 控制器的输出作为可控硅调制的输入信号，经控制电压改变可控硅导通角从而改变输出电压的大小，作为对加温室里电热丝的加热信号。

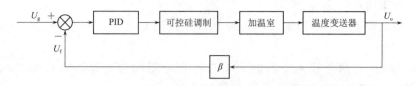

图 7-4　实验装置用温箱温度控制系统结构框图

温度测量采用 PT100 热敏电阻，经温度变送器转换成电压反馈量 $U_。$，温度输入范围为 0～100℃，温度变送器的输出电压范围为 DC 2～10V。

根据实际的设计要求，调节反馈系数 β，从而调节输出电压 $U_f = \beta U_。$。

二、硬件电路

在实际的工业自动控制系统中，通常 PI 控制器就能达到较好的控制效果。由于电路结构简单且造价相对较低，使用更为广泛和普遍，所以硬件调试部分设计了以 PI 控制器为核心的硬件电路，设计的硬件电路接线如图 7-5 所示。除了实际的模拟对象外，其余的模拟电路由 ACCT-Ⅳ型自动控制理论及计算机控制技术实验装置面板上的线性运放单元和备用元器件搭建而成，除用 U15 单元搭建的 PI 控制器电路中的电容 C_1 和电阻 R_4 外，其余电路参数均已给定，而电阻 R_4 和电容 C_1 的取值则需要在实际的调试过程中，联系实际的控制对象进行参数的试凑，自行调试最优取值，以达到最佳的控制效果。由于温度控制系统的大滞后特性，在参数设定时需将比例系数 $K_P = R_4/R_3$ 的值设置得大些，以提高系统响应的快速性。同时需调整反馈系数 β，设定 $\beta = R_f/R_i$ 的近似值为 1，以保证输出能跟踪输入，而没有很大静态误差。

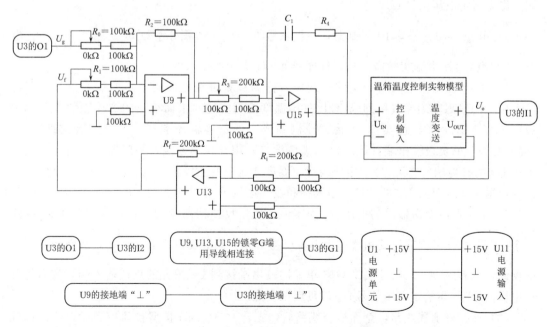

图 7-5　温箱温度控制系统硬件电路

接线注意事项：

（1）所有运放单元"＋"输入端所接 100kΩ 接地电阻均已经内部接好，实验时不需要外接。

（2）将 U9 单元两条输入支路的 100kΩ 可调电阻均逆时针旋转到底（即调至最小 0kΩ），使输入电阻 R_0 和 R_1 的总阻值均为 100kΩ。

（3）将 U15 单元输入支路的 100kΩ 可调电阻顺时针旋转到底（即调至最大 100kΩ），使输入电阻 R_3 的总阻值为 200kΩ；C_1 和 R_4 根据需要从元件库单元 U4 中选取。

（4）U13 单元作为反相器单元，将 U13 单元输入支路的 100kΩ 可调电阻顺时针旋转到底（即调至最大 100kΩ），使输入电阻 R_i 的总阻值为 200kΩ。

（5）从电源单元 U1 的"－15V"端口接一根导线，用于每次实验操作完成后给温箱模型快速降温。此降温用导线平常断开，温箱需要降温时将导线另一端接入温箱的"控制输入＋"端口，当温箱温度降到约 20℃时断开导线，停止降温。

三、操作步骤

（1）先将 ACCT-Ⅳ型自动控制理论及计算机控制技术实验装置面板上的电源单元 U1 和数据采集卡单元 U3 以及 ACCT-O1 温度控制实物对象的电源船形开关均置于"OFF"状态。

（2）选取 ACCT-Ⅳ型自动控制理论及计算机控制技术实验装置面板上的三个线性运放单元 U9、U15 和 U13，按照图 7-5 的电路结构用导线进行连接。接线方法如下：

1）将 U9、U15 和 U13 单元的锁零端 G 用导线相连接，然后与数据采集卡单元 U3 的锁零端 G1 用导线连接起来。

2）将数据采集卡单元 U3 的"O1"输出端用导线接到图 7-5 中 U9 单元的给定输入端，作为给定电压信号 U_g。

3）用 U15 单元搭建 PI 控制器，比例系数 $K_P = \dfrac{R_4}{R_3}$，积分系数 $K_I = \dfrac{1}{T_I} = \dfrac{1}{R_3 C_1}$。电阻 R_4 和电容 C_1 根据实验需要从元件库单元 U4 中选取接入电路。

4）经 PI 控制器运算后产生的控制信号作为温箱可控硅调制电路的输入信号，即将 U15 单元的输出端用导线接到 ACCT-O1 温度控制实物对象面板上的"控制输入"的正极输入端（U_{IN}＋，红色端口）。将"控制输入"的负极输入端（U_{IN}－，黑色端口）与"温度变送"的负极输出端（U_{OUT}－，黑色端口）用导线相连接，并用导线接到线性运放单元 U9 的接地端"⊥"。分别用导线将"温度变送"的正极输出端（U_{OUT}＋，红色端口）接到数据采集卡单元 U3 的"I1"输入端和线性运放单元 U13 的输入端。

5）由于温度变送输出的电压 U_o 为正值，所以反馈回路中用线性运放单元 U13 搭建一个反馈系数 β 可调节的反相器作为电压反馈单元。调节反馈系数 $\beta = \dfrac{R_f}{R_i}$，从而调节输出的反馈电压 $U_f = \beta U_o$。用导线将 U13 单元的输出端接到 U9 单元的反馈输入端，从而将反馈电压信号 U_f 与给定电压信号 U_g 做负反馈叠加。

（3）连接好上述线路，全面检查线路后，先合上 ACCT-Ⅳ型自动控制理论及计算机控制技术实验装置面板上电源单元 U1 和数据采集卡单元 U3 的船形开关。双击打开电脑桌面上的"时域示波器"图标，运行"时域特性实验软件"，软件主界面参见图1-2。

（4）用鼠标左键点击软件界面左上方的图标，使软件进入运行状态（图1-8）。用鼠标左键点击软件界面右下方的按钮图标来启动软件。此时，有波形曲线在波形窗口界面滚动显示。

（5）在软件界面上完成实验参数设置，然后合上 ACCT-O1 温度控制实物对象的电源船形开关。在软件界面的波形窗口观察实验过程的动态波形，调整 PI 参数，使系统稳定，同时观测输出电压的变化情况。根据波形显示缩放的需要，可以调整通道 I1，I2 的纵轴电压挡位"V/DIV1""V/DIV2"和横轴时间挡位"T/DIV"（图1-7）。需要注意的是，通道 I1，I2 的纵轴电压挡位"V/DIV1""V/DIV2"必须选用同一个挡位值，目的是保证通道 I1，I2 的波形，也就是输入、输出波形，在同一电压基准值上进行比较。

（6）在闭环系统稳定的情况下，外加干扰信号，系统达到无静差。如达不到，则根据 PI 参数对系统性能的影响重新调节 PI 参数。

四、调试操作与记录分析

由图7-5可知，U15 单元为 PI 控制器，则有比例系数 $K_P = \dfrac{R_4}{R_3}$，积分时间常数 $T_1 = R_3 C_1$，积分系数 $K_1 = \dfrac{1}{T_1} = \dfrac{1}{R_3 C_1}$。

（一）实验条件设定

1. 软件界面参数设置

测试信号1：阶跃　　　　　　　　　　幅值1：4V

偏移1：0　　　　　　　　　　　　　　占空比1%：100

四组 A/D 通道选择：I1，I2 通道　　　显示模式：X-t 模式

时间挡位：10s　　　　　　　　　　　　电压挡位：1V

点击开启"1 通道滤波"

注意：幅值、时间挡位、电压挡位的参数取值可以根据波形的实际情况进行修改。

2. 设定温箱的起始温度约为 20℃

从电源单元 U1 的"-15V"端口接一根导线，用于每次实验操作完成后给温箱模型快速降温。此降温用导线平常断开，温箱需要降温时将导线另一端接入温箱的"控制输入+"端口，当温箱温度降到约 20℃时断开导线，停止降温。

（二）未加干扰时的温箱温度控制

1. 比例（P）校正

将图7-5中 U15 单元的电容 C_1 短接（也就是电路中不接入电容 C_1），分别取 U15 单元的电阻 $R_4 = 510$kΩ、1MΩ、2MΩ、10MΩ、12MΩ（从元器件单元 U4 中选取接入电路）。在软件界面启动实验，通过波形窗口观察不同 R_4 阻值也就是不同比例系数 $K_P = \dfrac{R_4}{R_3}$ 时温箱温度波形的变化。保存实验波形，分析比例环节对控制系统性能的影响和比例环节的作用。对比实验波形，找到最优比例（P）校正控制波形，选取对应的 R_4 阻值为最优

比例校正电阻值 $R_{\text{P-best}}$，计算最优比例系数 $K_{\text{P-best}} = \dfrac{R_{\text{P-best}}}{R_3}$。

2. 比例积分（PI）校正

取 R_4 阻值为比例（P）校正时的最优值 $R_{\text{P-best}}$，在软件界面启动实验，分别取 U15 单元的电容 $C_1 = 0.1\mu\text{F}$、$0.33\mu\text{F}$、$1\mu\text{F}$、$4.7\mu\text{F}$、$10\mu\text{F}$（从元器件单元 U4 中选取接入电路），通过波形窗口观察不同电容取值也就是不同积分系数 $K_1 = \dfrac{1}{T_1} = \dfrac{1}{R_3 C_1}$ 时温箱温度波形的变化。保存实验波形，分析积分环节对控制系统性能的影响。对比实验波形，找到最优比例积分（PI）校正控制波形，选取对应的 C_1 电容值为最优比例积分校正电容值 $C_{\text{PI-best}}$，计算最优积分系数 $K_{\text{I-best}} = \dfrac{1}{T_{\text{I-best}}} = \dfrac{1}{R_3 C_{\text{PI-best}}}$。对比比例（P）校正和比例积分（PI）校正的实验波形，分析加入积分环节的功能和作用。

（三）加入干扰后的温箱温度控制

PI 参数选用调试的最优值 $K_{\text{P-best}}$ 和 $K_{\text{I-best}}$。在软件界面启动实验，待温箱温度稳定后，按如下两种方式分别施加两种扰动信号：

（1）快速增加给定阶跃信号的幅值（4V→4.5V）。

（2）快速减小给定阶跃信号的幅值（4.5V→4V）。

通过波形窗口观察给定电压 U_g 和温箱温度输出 U_o 的波形变化，分析比例积分（PI）校正的抗干扰能力和动态跟踪能力。

五、设计结果分析

根据上述设计过程和结果，分析：①比例（P）环节和积分（I）环节对系统的动态性能和稳态性能的影响；②对比比例（P）校正和比例积分（PI）校正的控制效果，重点分析 PI 校正控制系统的特点。

第八章 水箱液位控制系统设计及实物调试

第一节 软 件 仿 真

一、设计任务[3]

（1）运用自动控制原理知识，设计水箱液位控制系统的结构框图。

（2）根据水箱液位控制的原理图，建立其数学模型，拉普拉斯变换后得到水箱的开环传递函数。

（3）采用 MATLAB/Simulink 建立水箱的开环仿真模型，仿真得到开环的阶跃响应曲线，观察分析水箱液位的阶跃响应特性。

（4）根据水箱液位控制系统的结构框图，加入比例积分微分（PID）控制器，采用 MATLAB/Simulink 建立水箱液位控制系统的闭环仿真模型，分步骤实现系统的 PID 校正，即分别进行比例（P）校正、比例积分（PI）校正和比例积分微分（PID）校正，调试设计出合适的 PID 控制器参数。

（5）分析闭环 PID 控制的水箱液位控制系统的阶跃响应性能指标，要求设计后的水箱液位控制系统满足如下性能指标：超调量 $0 \leqslant \sigma_p\% < 5\%$，调节时间 $t_s < 10s$，稳态误差 $0 \leqslant e_{ss} < 2\%$。

二、设计指导[7]

（一）水箱液位控制系统的结构框图

在化工及工业锅炉自动控制系统中，有许多问题最终都归结为水箱系统的液位控制问题。对水箱系统的液位控制问题进行认真和透彻的研究，对从事自动控制系统的工程技术人员来说具有很重要的意义。图 8-1 是水箱液位控制的原理图，图中入口处阀门由一个调节器控制，以保持水位不变，出口处阀门由外部操纵，可将其看成一个扰动量。图 8-2 是水箱液位控制系统的结构框图。

（二）水箱的开环传递函数

根据图 8-1 的水箱液位控制的原理图，对水箱系统建模。对应图 8-1 定义

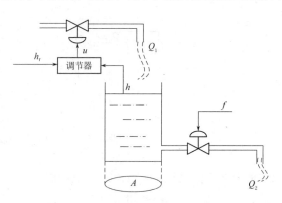

图 8-1 水箱液位控制的原理图

如下变量符号：Q_1 为水箱流入量；Q_2 为水箱流出量；A 为水箱截面积；u 为进水阀开度；f 为出水阀开度；h 为水箱液位高度；h_0 为水箱初始液位高度；K_1 为阀体流量比例系数。

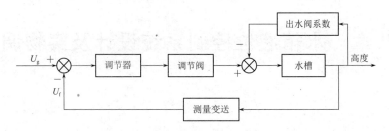

图 8-2 水箱液位控制系统的结构框图

假设出水阀开度 f 不变，系统初始态为稳态，则可列写如下方程式：

$$\Delta Q_1 - \Delta Q_2 = A\frac{dh}{dt} \tag{8-1}$$

$$\Delta Q_1 = K_1 u \tag{8-2}$$

$$Q_2 = K_1\sqrt{h} \tag{8-3}$$

对式（8-3）在水箱初始液位高度 h_0 处进行线性化，得

$$\Delta Q_2 = \frac{K_1}{2\sqrt{h_0}}\Delta h \tag{8-4}$$

对式（8-1）、式（8-2）和式（8-4）进行拉普拉斯变换，得

$$Q_1(s) - Q_2(s) = AsH(s) \tag{8-5}$$

$$Q_1(s) = K_1 U(s) \tag{8-6}$$

$$Q_2(s) = \frac{K_1}{2\sqrt{h_0}}H(s) \tag{8-7}$$

根据式（8-5）～式（8-7）可得如图 8-3 所示水箱的开环传递函数方框图。

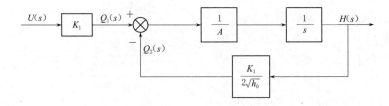

图 8-3 水箱的开环传递函数方框图

消去式（8-5）～式（8-7）的中间变量，整理得水箱的开环传递函数 $G(s)$ 如下：

$$G(s) = \frac{H(s)}{U(s)} = \frac{K_1}{As + \frac{K_1}{2\sqrt{h_0}}} \tag{8-8}$$

给出 4 组水箱系统参数供选用，见表 8-1。

参数	参 数 意 义	参数值1	参数值2	参数值3	参数值4
K_1	阀体流量比例系数	10	8.6	7.5	11
h_0/m	水箱初始液位高度	2	1.31	0.8	1.27
A/m^2	水箱截面积	10	8	6	12
R	扰动量系数	7.87	6	4.16	7.7

表 8 − 1　　　　　　　　　　水 箱 系 统 参 数

（三）Simulink 仿真模型的构建

可借助 Simulink 搭建系统的仿真模型，先对系统进行开环分析，得出相关结论，然后引入 PID 校正的闭环控制系统，设计整定 PID 控制器的参数。对应表 8 − 1 中参数值 1 的水箱开环仿真模型如图 8 − 4 所示，加入 PID 控制器的闭环仿真模型如图 8 − 5 所示。

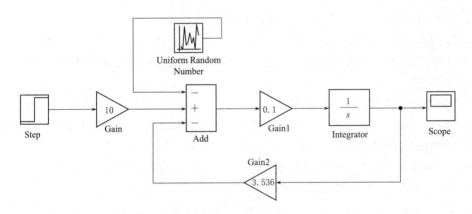

图 8 − 4　水箱开环仿真模型

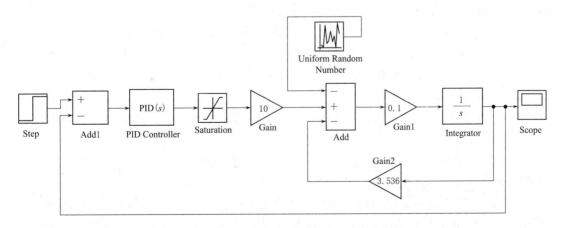

图 8 − 5　闭环 PID 校正的水箱液位控制系统仿真模型

第二节 硬 件 调 试

一、设计原理

实验装置用水箱液位控制系统结构框图如图 8－6 所示，由给定电压 U_g、PID 控制器、功率放大、水泵、液位测量和输出电压反馈电路组成。在参数给定的情况下，经过 PID 运算产生相应的控制量，使水箱里的水位稳定在给定值。

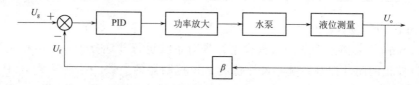

图 8－6 实验装置用水箱液位控制系统结构框图

给定电压 U_g 由 ACCT－Ⅳ型自动控制理论及计算机控制技术实验装置面板上的数据采集卡单元 U3 的 O1 提供，变化范围为 1.3～10V。

PID 控制器的输出作为水泵的输入信号，经过功率放大后作为水泵的工作电源，从而控制进水的流量。

液位测量通过检测有机玻璃水箱的水压，转换成电压信号作为电压反馈信号 $U_。$，水泵的水压为 0～6kPa，输出电压为 0～10V。由于水箱的高度受实验台的限制，所以调节压力变送器的量程使得水位达到 250mm 时压力变送器的输出电压为 5V。

根据实际的设计要求，调节反馈系数 β，从而调节反馈输出电压 $U_f = \beta U_。$。

二、硬件电路

在实际的工业自动控制系统中，通常 PI 控制器就能达到较好的控制效果。由于电路结构简单且造价相对较低，使用更为广泛和普遍，所以硬件调试部分设计了以 PI 控制器为核心的硬件电路，设计的硬件电路接线如图 8－7 所示。除了实际的模拟对象外，其余的模拟电路由 ACCT－Ⅳ型自动控制理论及计算机控制技术实验装置面板上的线性运放单元和备用元器件搭建而成，除用 U15 单元搭建的 PI 控制器电路中的电容 C_1 和电阻 R_4 外，其余电路参数均已给定，而电阻 R_4 和电容 C_1 的取值则需要在实际的调试过程中，联系实际的控制对象进行参数的试凑，自行调试最优取值，以达到最佳的控制效果。

接线注意事项：

（1）所有运放单元"＋"输入端所接 100kΩ 接地电阻均已经内部接好，实验时不需要外接。

（2）将 U9 单元两条输入支路的 100kΩ 可调电阻均逆时针旋转到底（即调至最小 0kΩ），使输入电阻 R_0 和 R_1 的总阻值均为 100kΩ。

（3）将 U15 单元输入支路的 100kΩ 可调电阻顺时针旋转到底（即调至最大 100kΩ），使输入电阻 R_3 的总阻值为 200kΩ；C_1 和 R_4 根据需要从元件库单元 U4 中选取。

（4）U13 单元作为反相器单元，将 U13 单元输入支路的 100kΩ 可调电阻顺时针旋转到底（即调至最大 100kΩ），使输入电阻 R_i 的总阻值为 200kΩ。

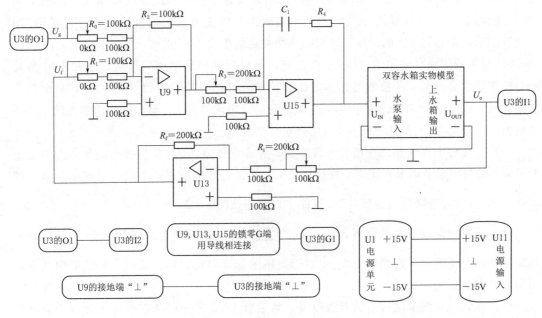

图 8-7　水箱液位控制系统硬件电路

（5）从电源单元 U1 的"0～15V"端口接一根导线，转动旋钮将输出电压值调节为 7V 左右，用于每次实验操作前使水泵抽水注入上水箱从而调整上水箱的起始液位高度。此抽水用导线平常断开，当需要调整上水箱起始液位高度时，将导线另一端接入"水泵输入＋"端口，当液位高度接近 4cm 时断开导线，停止抽水。如果起始液位高度超过 4cm，则打开上水箱出水阀 V1 放掉多余的水。

三、操作步骤

（1）先将 ACCT-Ⅳ型自动控制理论及计算机控制技术实验装置面板上的电源单元 U1 和数据采集卡单元 U3 以及 ACT-YK4 二阶水箱液位控制实物对象的电源船形开关均置于"OFF"状态。

（2）选取 ACCT-Ⅳ型自控实验装置面板上的三个线性运放单元 U9、U15 和 U13，按照图 8-7 的电路结构用导线进行连接。接线方法如下：

1）将 U9、U15 和 U13 单元的锁零端 G 用导线相连接，然后与数据采集卡单元 U3 的锁零端 G1 用导线连接起来。

2）将数据采集卡单元 U3 的"O1"输出端用导线接到图 8-7 中 U9 单元的给定输入端，作为给定电压信号 U_g。

3）用 U15 单元搭建 PI 控制器，比例系数 $K_P = R_4/R_3$，积分时间常数 $T_1 = R_3 C_1$。电阻 R_4 和电容 C_1 根据实验需要从元件库单元 U4 中选取接入电路。

4）经 PI 控制器运算后产生的控制信号作为水泵的输入信号，即将 U15 单元的输出端用导线接到 ACT-YK4 二阶水箱液位控制实物对象面板上的"水泵输入"的正极输入端（$U_{IN}+$，红色端口）。将"水泵输入"的负极输入端（$U_{IN}-$，黑色端口）与"上水箱输出"的负极输出端（$U_{OUT}-$，黑色端口）用导线相连接，并用导线接到线性运放单元 U9 的接地端"⊥"。分别用导线将"上水箱输出"的正极输出端（$U_{OUT}+$，红色端口）接到数据采集卡单元 U3 的"I1"输入端和线性运放单元 U13 的输入端。

5）由于液位测量输出的电压 U_o 为正值，所以反馈回路中用线性运放单元 U13 搭建一个反馈系数 β 可调节的反相器作为电压反馈单元。调节反馈系数 $\beta=R_f/R_i$，从而调节输出的反馈电压 $U_f=\beta U_o$。用导线将 U13 单元的输出端接到 U9 单元的反馈输入端，从而将反馈电压信号 U_f 与给定电压信号 U_g 做负反馈叠加。

（3）连接好上述线路，全面检查线路后，先合上 ACCT-Ⅳ型自控实验装置面板上电源单元 U1 和数据采集卡单元 U3 的船形开关。双击打开电脑桌面上的"时域示波器"图标 ▨，运行"时域特性实验软件"，软件主界面参见图 1-2。

（4）用鼠标左键点击软件界面左上方的 ⬦ 图标，使软件进入运行状态（图 1-8）。用鼠标左键点击软件界面右下方的 启动/暂停 按钮图标来启动软件。此时，有波形曲线在波形窗口界面滚动显示。

（5）在软件界面上完成实验参数设置，然后合上 ACT-YK4 二阶水箱液位控制实物对象的电源船形开关。在软件界面的波形窗口观察实验过程的动态波形，调整 PI 参数，使系统稳定，同时观测输出电压的变化情况。根据波形显示缩放的需要，可以调整通道"I1，I2"的纵轴电压挡位"V/DIV1""V/DIV2"和横轴时间挡位"T/DIV"（图 1-7）。需要注意的是，通道"I1，I2"的纵轴电压挡位"V/DIV1""V/DIV2"必须选用同一个挡位值，目的是保证通道"I1，I2"的波形，也就是输入、输出波形，在同一电压基准值上进行比较。

（6）在闭环系统稳定的情况下，外加干扰信号，系统达到无静差。如达不到，则根据 PI 参数对系统性能的影响重新调节 PI 参数。

四、调试操作与记录分析

由图 8-7 可知，U15 单元为 PI 控制器，则有比例系数 $K_P=\dfrac{R_4}{R_3}$，积分时间常数 $T_1=R_3C_1$，积分系数 $K_1=\dfrac{1}{T_1}=\dfrac{1}{R_3C_1}$。

（一）实验条件设定

1. 软件界面参数设置

测试信号 1：阶跃　　　　　　　　　幅值 1：3V
偏移 1：0　　　　　　　　　　　　占空比 1%：100
四组 A/D 通道选择：I1，I2 通道　　显示模式：X-t 模式
时间挡位：10s　　　　　　　　　　电压挡位：1V
点击开启"1 通道滤波"
注意：幅值、时间挡位、电压挡位的参数取值可以根据波形的实际情况进行修改。

2. 设定上水箱的起始液位高度 $h_0 \approx 4\text{cm}$

从电源单元 U1 的 "0~15V" 端口接一根导线,转动旋钮将输出电压值调节为 7V 左右。此抽水用导线平常断开,在每次实验操作前,当需要先调整上水箱的起始液位高度时,将导线另一端接入 "水泵输入+" 端口,则水泵抽水注入上水箱;当液位高度接近 4cm 时断开导线,停止抽水。如果起始液位高度超过 4cm,则打开上水箱出水阀 V1 放掉多余的水。

(二) 未加干扰时的水箱液位控制

1. 比例 (P) 校正

将图 8-7 中 U15 单元的电容 C_1 短接 (也就是电路中不接入电容 C_1),分别取 U15 单元的电阻 $R_4 = 1\text{M}\Omega$、2MΩ、3MΩ、10MΩ、12MΩ (从元器件单元 U4 中选取接入电路)。在软件界面启动实验,通过波形窗口观察不同 R_4 阻值也就是不同比例系数 $K_P = \dfrac{R_4}{R_3}$ 时上水箱液位波形的变化。保存实验波形,分析比例环节对控制系统性能的影响和比例环节的作用。对比实验波形,找到最优比例 (P) 校正控制波形,选取对应的 R_4 阻值为最优比例校正电阻值 $R_{\text{P-best}}$,计算最优比例系数 $K_{\text{P-best}} = \dfrac{R_{\text{P-best}}}{R_3}$。

2. 比例积分 (PI) 校正

取 R_4 阻值为比例 (P) 校正时的最优值 $R_{\text{P-best}}$,在软件界面启动实验,分别取 U15 单元的电容 $C_1 = 0.1\mu\text{F}$、0.33μF、1μF、4.7μF、10μF (从元器件单元 U4 中选取接入电路),通过波形窗口观察不同电容取值也就是不同积分系数 $K_I = \dfrac{1}{T_I} = \dfrac{1}{R_3 C_1}$ 时上水箱液位波形的变化。保存实验波形,分析积分环节对控制系统性能的影响。对比实验波形,找到最优比例积分 (PI) 校正控制波形,选取对应的 C_1 电容值为最优比例积分校正电容值 $C_{\text{PI-best}}$,计算最优积分系数 $K_{\text{I-best}} = \dfrac{1}{T_{\text{I-best}}} = \dfrac{1}{R_3 C_{\text{PI-best}}}$。对比比例 (P) 校正和比例积分 (PI) 校正的实验波形,分析加入积分环节的功能和作用。

(三) 干扰加入后的水箱液位控制

PI 参数选用调试的最优值 $K_{\text{P-best}}$ 和 $K_{\text{I-best}}$。在软件界面启动实验,待上水箱液位稳定后,按如下方式施加扰动信号:打开上水箱出水阀 V1,观察上水箱液位的变化,当有明显下降时,关闭出水阀 V1,模拟外加短时液位干扰信号。通过波形窗口观察给定电压 U_g 和液位测量输出 U_o 的波形变化,分析比例积分 (PI) 校正的抗干扰能力和动态跟踪能力。

五、设计结果分析

根据上述设计过程和结果,分析:①比例 (P) 环节和积分 (I) 环节对系统的动态性能和稳态性能的影响;②对比比例 (P) 校正和比例积分 (PI) 校正的控制效果,重点分析 PI 校正控制系统的特点。

参 考 文 献

［1］ 飞思科技产品研发中心. MATLAB 7 辅助控制系统设计与仿真［M］. 北京：电子工业出版社，2005.

［2］ 王划一，杨西侠. 自动控制原理［M］. 2 版. 北京：国防工业出版社，2014.

［3］ 薛定宇. 反馈控制系统设计与分析［M］. 北京：清华大学出版社，2000.

［4］ 白继平，徐德辉. 基于 MATLAB 下的 PID 控制仿真［J］. 中国航海，2004（4）：77 - 80.

［5］ 吴素平，刘飞. 直流电机调速系统模糊控制仿真分析［J］. 长沙电力学院学报（自然科学版），2006，21（4）：34 - 37.

［6］ 徐亚飞，刘官敏，高国章，等. 温箱温度 PID 与预测控制［J］. 武汉理工大学学报，2004，8（28）：554 - 557.

［7］ 张波. "水箱系统"液位控制的仿真研究［J］. 自动化与仪器仪表，2006（2）：64 - 66.